「2022年上海市重点图书」

科学技术史与文化哲思

YICHUANXUE ZAI ZHONGGUO DE CHUCHUANG YU QUZHEBIANQIAN

遗传学在中国的初创与曲折变迁

——1978年之前的中国遗传学

冯永康◎著

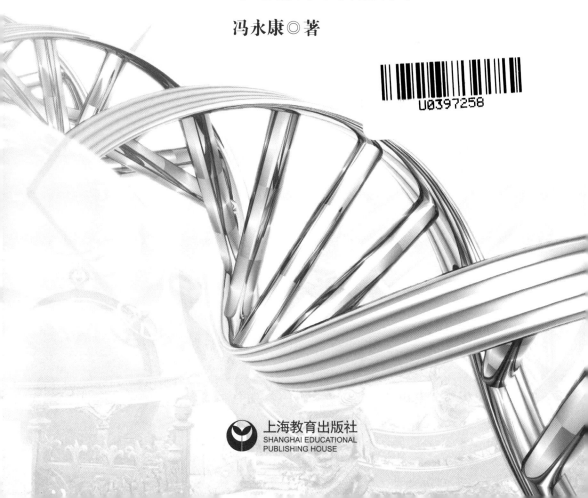

上海教育出版社
SHANGHAI EDUCATIONAL
PUBLISHING HOUSE

序

一个国家与民族的自然科学发展史，是人类社会发展史的重要部分。一个自然科学研究领域的历史，也是这一领域的专业教科书的重要内容。

人类历史就是"人的故事（His-story）"，有人有事才会使历史有血有肉。中国的近代遗传学是全人类自然科学史的重要篇章之一，充满了中国科学家对生命的激情、探索和执著的传奇。本书分类梳理了一个多世纪以来，中国数代遗传学家筚路蓝缕、追逐真理的历史。

20世纪初，陈桢、李汝祺、卢惠霖、谈家桢、李景均等前辈远涉重洋、负笈求学。后陆续学成回国，才使得现代遗传学传入灾难深重的神州大地，并得以扎根发展。

20世纪上半叶，尽管战火连天而"放不下一张平静的书桌"，国难当头而被迫迁徙千里，条件恶劣而使国际同行难以想象，中国老一辈遗传学家肩负"科教救国"的重任，以其非凡的坚韧和执著，延续了现代遗传学的"香火"，最终迎来了中国遗传学的"第一个春天"。

自1949年到1978年，中国遗传学先后两次几乎陷入绝境，遗传学教学与研究都处于近乎停滞的状态，与快速发展的国际遗传学差距越来越远。对生命基本规律的认识也险些进入歧途，几乎两代学生从未被告知基因为何物。有幸的是，当时几经磨难的前辈和尚为年轻的同辈，始终没有放弃对科学真理的执著追求，终于迎来了中国科学史上的"又一个春天"。

我本人实则也是一位"教书匠"，而本书作者是一位毕生耕耘于基础教育的生物学教师，在繁忙的教学之余暇，潜心执著于中国遗传学史的思考与研究。如今呈现在读者面前的《遗传学在中国的初创与曲折变迁——1978年之前的中国遗传学》一书，是冯永康先生30多年心血的结晶。他不远万里亲临拜访这一历史的见证者和创造者，从茫茫瀚海中收集和整理了各种文件及报道并去伪存真、去粗取精，坚持"写史唯实"这一我国史学家的传统，收集、整理、汇编而成本书。精诚所至，金石为开，从他与幸存于世的前辈的书信中可以看到，他一直得到各方关注和各界支持，特别是得到了中国遗传学界和科学史学界众多先生的鼓励指导和鼎力相助。

我与作者的结识，始于2019年的第四届全球华人遗传学大会和纪念谈家桢先生诞辰110周年座谈会。我与作者一见如故，因为在这之前，通过高中生物学教科书的这一缘分，我们就已经产生了对"生命是美好的，生命是美妙的"的共鸣。

我十分乐意为本书作序。真诚希望此书能激励我辈与晚辈，敬畏生命而尊重自然规律，师法生命而遵循自然规律，探索生命而掌握自然规律，解密生命而永绥人类福祉。

［作者为中国科学院院士、中国医学科学院学部委员、发展中国家科学院（TWAS）和欧洲分子生物学组织（EMBO）的成员，以及美国、德国、印度、乌克兰国家科学院及丹麦皇家科学院的国际/外籍院士］

自序

（一）

在具有悠久文明历史的中国，大量的史书和文献中早就有了对遗传和变异现象的描述和记载。我们的祖先在长期的生产和生活实践中，很早就注意到生物的遗传和变异现象，逐渐掌握和积累了一些农牧业生产和疾病防治的知识，记录了许多资料，形成了朴素的遗传和变异的观念。但是我们也应该看到，先民们的这些初步探索，仅仅局限于对现象的直观描述和经验总结，停留在较简单的思辨性的猜测和推理中，对遗传和变异现象缺乏专门的、系统性的研究，由此不可能形成较为完整的、具有分析归纳特点的现代遗传学理论。

现代遗传学是在孟德尔（G. Mendel, 1822—1884）通过豌豆杂交实验总结出的遗传定律基础上，逐步发展起来的。

20世纪初期，随着国内新文化运动和科学救国思潮的兴起，包括孟德尔遗传学说在内的来自欧美的新的学术观点和科学方法，被不断引入并得到广泛传播。早期留学欧美的陈桢、李汝祺、赵连芳、卢惠霖、李先闻、谈家桢、李景均等一大批学者陆续回国，他们带回了现代遗传学的基本理论、实验技术和研究方法，逐渐促成并推动了遗传学在中国的创生和发展。

（二）

遗传学在中国历经 100 年的风雨，走过一条荆棘丛生、筚路蓝缕的坎坷道路。

20 世纪上半叶，由于受长时期战乱的影响，本来起步就较晚的中国遗传学，无论是教学、实验研究，还是遗传育种等工作，都一直处于时断时续的艰难行进状态。

1922 年，被誉为中国第一位遗传学家的陈桢留美回国后，在东南大学开创了中国遗传学教学之先河。1929 年至 1952 年，他在清华大学领导并发展了当时被称道为国内大学中最强的生物学系，开展了以实验生物学为中心的教学和具有中国特色的金鱼遗传学研究。

从 1927 年起，师从摩尔根（T. H. Morgan, 1866—1945）从事果蝇发生遗传学的研究而获得博士学位的李汝祺，在燕京大学传承并弘扬摩尔根"教而不包"的教学思想。他将遗传学、胚胎学与细胞学等学科紧密结合，开展了发生遗传学的教学与研究。

1929 年到 1949 年，中国植物细胞遗传学的开拓者李先闻，辗转南北多所高等学校和研究机构，传承与践行玉米遗传学大师埃默森（R. A. Emerson, 1873—1947）"手脑并用"的学研之道，带领李竞雄、鲍文奎等弟子进行遗传学理论与粟类等农作物的遗传育种之研究。

从 1937 年起，留美获得博士学位回国的谈家桢，在浙江大学开设起国立大学中的第一个遗传学专业。他秉持发展中国遗传学事业的坚定信念，培养遗传学专业研究生，并开展了亚洲异色瓢虫"嵌镶显性"的遗传学研究。

1942 年至 1950 年，李景均主要在北京大学农学院最先在我国开始了群体遗传学的教学与研究。

在这一时期，赵连芳、金善宝、冯泽芳等中国的遗传育种学家，从国计民生的需要出发，开始运用现代遗传学的理论，有步骤地进行水稻、小麦、棉花等农作物杂交育种的研究。

20 世纪上半叶的中国遗传学，无论是人才的培养、研究经费的来源，教学与实验研究的开展以及专门的学术机构的设立，都处于极为艰难的态势。

（三）

从 1949 年到 1978 年，由于来自苏联的李森科伪科学对遗传学的粗暴践踏，以及国内"十年文革"动乱的强力干扰，中国遗传学在饱经磨难和坎坷曲折中，有两次陷入极为艰难的境地，而终于又迎来新生，取得了一定成绩。

新中国成立后，面对当时的国情，我国采取了"一边倒"的外交方针，掀起了学习苏联经验的热潮。苏联农学家李森科杜撰出的"米丘林遗传学"开始传入我国，并很快在科学界和教育界（主要是生物学与农学方面）大力推行。短短的几年间，"米丘林遗传学"便迅速蔓延到生物学和农学的相关领域。原本就先天不足的中国遗传学的教学和实验研究，遭到严重摧残和冲击后，更显现出后天失调的窘况。

1956 年，毛泽东提出了"百花齐放 百家争鸣"的方针。在青岛召开的作为贯彻"双百"方针样板的遗传学座谈会，使中国遗传学终于出现了转机。被停开了几年的遗传学课程，在复旦大学、北京大学等高等学校开始恢复讲授；被迫中断的一些遗传学实验研究和遗传育种工作，也开始有限地恢复。

可是好景不长，李森科伪科学对中国遗传学带来的冲击还未完全消失，1966 年开始的长达 10 年的"文化大革命"，使包括遗传学在内的中国科学，再一次面临危难的境地。中国遗传学家以自己的特有执著与艰辛努力，维系和开展着有限的实验研究和遗传育种工作。

直到 1976 年 10 月"文革"结束，1978 年 3 月全国科学大会召开，1978 年 10 月中国遗传学会成立后，中国遗传学才真正进入正常发展的状态，并开始逐渐融入国际遗传学的主流。

（四）

《遗传学在中国的初创与曲折变迁——1978 年之前的中国遗传学》一书，可作为已经问世 20 年的大型学术专著《中国遗传学史》（谈家桢、赵功民主编，中国遗传学史，上海科技教育出版社，2002）的重要补充读本。

笔者曾参与《中国遗传学史》第一篇第一章等重要内容的编写,在以后的20年间,通过继续以亲临访谈、广泛收集并严密查证后的史料为依据,分时段、分类别进行了简略的概述。全书立足于1978年之前中国遗传学所走过的一段初创与曲折变迁的艰辛历程,由"中国古代的遗传观"(共两章)、"20世纪上半叶:中国遗传学的孕育与初创"(共六章)、"1949—1978年:中国遗传学发展的坎坷与曲折"(共九章)等三篇组成。

全书内容的重点落脚在对1949年至1978年将近30年的时间内,中国遗传学曲折变迁的概述。中国遗传学家克服种种困难,仍然作出了具有原创性的一些实验研究成果,并在遗传育种领域,取得了服务于农业生产的可喜成就。中国遗传学的曲折发展进程应该是中国科学界(包括遗传学界)的所有学人,特别是年轻的学人,都应该有所知晓并需要牢牢铭记的。

在笔者30余年对中国遗传学史的学研期间,特别是在编写该书的过程中,曾经访谈过的老一辈遗传学家和科学史家大都相继离世。因此,最大限度并加快力度,收集并整理出有关这一历史时期的第一手资料,就显得十分必要,且无疑具有抢救科学遗产的意义。这不仅是科学史工作者义不容辞的责任、刻不容缓的重要使命,当然更是科学史研究的重要价值所在。

在本书有幸列入2022年上海市重点图书出版品种之际,谨向老一辈遗传学家表达崇高的敬意,向已经逝世的老一辈遗传学家表达深切的怀念。

限于笔者的学术水平与文字表达能力,书中的疏漏和错误在所难免,恳请广大读者批评与指正。

冯永康

2022年8月

目录

第一篇

中国古代的遗传观

　　人类是从什么时候开始认识到生物的遗传和变异现象的，已经无史可稽查了。但是，在由狩猎和采集植物向着畜牧和种植过渡的史前时期，想必人类早已按照自己的需要，对动植物的某些性状进行有意识或无意识的选择，并开始领悟到在后代中会保存某些合意的特性，由此保留各种合用的变异个体。[1]在有文字记载的几千年的历史中，国内外的许多先哲都曾对遗传和变异的缘由提出过种种假说，可是都被以后所发现的事实证明为臆测。

　　中华文化源远流长。大量的古籍与文献中不仅记录着中国古代先民对生物遗传和变异现象的简单认识，也记载着先民在栽培植物和培育动物优良品种的过程中，怎样利用生物的变异作为材料，广泛采用存优汰劣的留种与选种技术，经历从无意识到有意识的人工选种，并逐渐开展杂种优势利用等遗传育种的生产活动。

第一篇

中国古代的遗传观

第一章　中国古代对遗传和变异的粗浅认识

距今大约 7000—8000 年前，长江、黄河流域的各氏族部落，在长期的采集与种植植物、渔猎、驯养动物等生产活动中，就开始对原型植物加以选育，对野生动物进行驯化，逐渐培育成栽培植物和家养动物，并且给它们取了专门的名称。殷墟甲骨文中的黍、稷、麦、禾、牛、羊、豕、犬等字，就是对不同原始栽培作物和家养动物最早的称呼。[2]经由对史料的分析和研究，学界认为栽培植物和家养动物的品种及变种名称之出现，就是古代先民意识到生物遗传和变异现象的具体标志。

1. 朴素遗传概念的形成

公元前 6 世纪，中国古代的先民就已经开始形成简单的遗传概念。根据成书于东汉时期的《越绝书》记载，范蠡与越王勾践对策时，在总结当地农业生产的经验中就说到了"桂实生桂，桐实生桐"。[3]公元前 329 年，《吕氏春秋》中记载，"夫种麦而得麦，种稷而得稷，人不怪也"。[4]这些简单的认识都表明，当时的人们已把物种性状的遗传看成是一般的自然现象。

在《吕语集粹》一书中，写到了"种豆，其苗必豆；种瓜，其苗必瓜"。[5]《东周列国志》评论春秋"韩原之战"中提到："种瓜得瓜，种豆得豆。……"这类一直流传于民间的口头语，可视为中国古代先民对生物遗传现象的一种简单描述。

到了东汉时期，人们对遗传现象有了进一步的认识。王充在《论衡·奇怪篇》中说"万物生于土，各似本种"，在《论衡·讲瑞篇》中又说"……龟故生龟，龙故生龙。形、色、小大，不异于前者也，见之父，察其子孙，何为不可知？"这些叙述说明，生物亲代的遗传特性（如颜色、形状、大小等）都能稳定地传给子代。得知某种生物，即可推知该生物的后代模样。

《齐民要术》是中国现存最早、最完整的一部农书，作者贾思勰曾多次以"性"或"天性"来表示动植物的某些性状，以及其由上一代传给下一代的遗传特性。他认识到桃、李等结实的迟早、树龄的短长，均由各自不同的内在本性所致。粱、粟等作物的籽实是否容易脱落，也是缘于世代相传的不同本性。

明代洪武十一年（公元 1378 年），浙江龙泉的叶子奇在《草木子》中写道："草木一荄（根）之细，一核之微，其色香葩叶相传而生也。""草木一核之微，而色香臭味，花实枝叶，无不具于一仁之中。及其再生，一一相肖。"

清代初期，戴震也指出："如飞潜动植，举凡品物之性，皆就其气类别之。……桃与杏，取其核而种之，萌芽甲坼，根干枝叶，为花为实，桃非杏也，杏非桃也，无一不可区别，由性之不同是以然也。其性存乎核中之白，形色臭味，无一成阙也。"

上述这些古书中的记载说明，从 2000 多年前开始，我国古代的先民即已逐步形成了类似近代西方所谓"类生类"的遗传概念。

2. 对变异现象的实证观察

在认识生物遗传现象的同时，中国古代的先民也注意到人和动植物常生出与自己不相似的后代，亦即"龙生九子，九子各别"的变异现象。

成书于春秋时期的中国古代重要典籍《诗经》，其《大雅·生民》篇中，记载了"诞降嘉种，维秬维秠，维穈维芑"等诗句。这就已经表明，当时的人们已经初步知道了黍和高粱有不同的品种。

《周礼》中记载，同种类动物中有差异程度不同的个体。以马为例，根据这些差异可将其按用途分为种马、戎马、齐马、道马、田马和驽马等。《尔雅》中也记载了30多个马的品种。这些马不仅仅是毛色上有别，还有许多其他外形方面的差异。

《淮南子·诠言训》中记载，西汉时的刘安提出生物"同出于一，所为各异：有鸟、有鱼、有兽，谓之分物。方以类别，物以群分。性命不同，皆形于有。隔而不通，分而为万物。莫能及宗……"。

在《论衡·讲瑞篇》中，王充肯定"瑞物"嘉禾（分枝小麦）"生于禾中，与禾中异穗""试种嘉禾之实，不能得嘉禾"。可见，当时的人们不仅知道生物的变异，还认识到谷类作物的分枝变异是不会遗传的。

贾思勰在《齐民要术·种谷第三》中说："凡谷成熟有早晚，苗秆有高下，收实有多少，质性有强弱，米味有美恶，粒实有息耗。"他不仅指出谷物成熟期的不同，而且还指出其他各种性状的差异。

在《荔枝谱》中，宋代蔡襄指出："荔枝以甘为味，虽有百千树莫有同者。"在《菊谱》中，刘蒙描述道："花大者为甘菊，花小而苦者为野菊。若种园蔬肥沃之处，复同一体，是小可变为大也，苦可变为甘也。如是，则单叶变为千叶，亦有之也。""凡植物之见取于人者，栽培灌溉不失其宜，则枝华实无不猥。至于气之所聚，乃有连理合颖，双叶并蒂之端，而况花有变而为千叶者乎？"在《评亳州牡丹》一书中，明代夏之臣记载了"（牡丹）其种类异者，其种子之忽变者也"。在《花镜》中，清代陈淏子指出："凡木之必须接换，实有至理存焉。花小者可大，瓣单者可重，花红者可紫，实小者可巨，酸苦者可甜，臭恶者可馥，是人力可以回天，惟在接换得其传耳。"可见，中国古代的先民对不同动植物变异现象的观察，也已经达到比较细微的地步。

注释：

[1] 姚德昌.孟德尔以前中国对遗传现象及其本质的认识[J].自然科学史研究，1984（2）：151.
[2] 苟萃华，汪子春，许维枢，等.中国古代生物学史[M].北京：科学出版社，1989：58-59.
[3]《越绝书》卷4《计倪内经》.乌程刘氏藏明刊本，第5页.

［4］《吕氏春秋》卷 19《用民》.涵芬楼藏明刊本,第 10 页.

［5］北京师范大学科学史研究中心.中国科学史讲义［M］.北京:北京师范大学出版社,1989:323.

第二章 中国古代对遗传育种的初步探索

水稻、大豆、麦、粟等称为"五谷"的作物，是中国文明社会赖以生存所必需的食物来源。栽培水稻的选育最早可追溯到 10000 年前。浙江余姚河姆渡新石器时代遗址和桐乡罗家角新石器时代遗址出土的炭化稻谷遗存，已有 7000 年左右的历史。粟的栽培距今也有 8000 年的历史，中国北方是粟的起源中心。黄河流域西起甘肃玉门，东至山东龙山的新石器时代遗址中，近 20 处有炭化粟出土，其中最早的是距今 7000 多年的河南裴李岗和河北磁山遗址，表明黄河流域粟的驯化栽培历史悠久。大豆，古称菽。大量古代文献可以证明，中国至今已有 5000 年的大豆种植史。

1. 人工选种的早期尝试

中国最古老的诗歌集——《诗经》，不仅记录了大量有关动物和植物的知识，也收集了不少古代先民进行人工选种的实例。《诗经·大雅·生民》中记述的"荏菽丰草，种之黄茂，实方实苞，实种实褎"，《诗经·小雅·采菽》中记载的"采菽采菽，筐之筥之"，《诗经·小雅·小宛》记载的"中原有菽，庶民采之"，等等，都说明当时的人们已经开始认识到利用生物的遗传和变异实行人工选种的重要性，并有了一些相应的选种方法。

西汉后期杰出的农学家氾胜之编写的《氾胜之书》，一般被认为是我国最早的一部农书。在这本农书中，氾胜之进一步认识到"母强子良，母弱则子病"的种苗关系，并对多种作物提出了具体的选种要求。例如对麦的选种，应"候（麦）熟可获，择穗大强者"；对黍、粟的选种，应"选好穗纯色者"。

《齐民要术》中，则清楚地记载："粟、黍、穄、粱、秫，常岁岁别收，选好穗纯色者，劁刈，高悬之。至春治取别种，以拟明年种子。"这说明此时，人们不仅重视选种，而且已经设立了专门的种子田。

除了农作物的选种外，《齐民要术》中还提到了多种动物的选种要求。例如，对羊的选种，贾思勰说："当留腊月、正月羊羔为种者上，十一月、二月生者次之。"关于猪的选种，贾思勰认为应选取"短喙无柔毛者"作为配种用的母猪。在述及选优汰劣时，贾思勰谈到了"母长则受驹，父大则子壮"。

新近的考古学和遗传学研究表明，今天在中国饲养的家猪是古代猪类的直系后代，而这些古代猪类早在1万年前就成为第一批被人类驯养的动物。

养蚕是中国古代劳动人民创造的重要技艺，种桑养蚕之法相传源于黄帝的妻子嫘祖。据史料记载，夏代以前先民就开始了蚕的家养，并从桑树害虫中选育出家蚕，创造了养蚕技术。商代设有"女蚕"一职，为典蚕之官。而关于蚕的选种，《齐民要术》中说到应"收取种茧，必取居簇中者，近上则丝薄，近地则子不生也"等。

同样，古籍中的历史资料也清楚地表明，品种繁多、形态各异的家养金鱼的形成，更是中国古代劳动人民对金鱼的不同变异，进行长期大量人工选择的结果。中国现代遗传学的早期开拓者陈桢（1894—1957），在他的代表作《金鱼家化史与品种形成的因素》一文中，谈到金鱼品种形成的因素时，就曾用较多的篇幅记述了古人"不知选种，但知选鱼"的史料。[1]

16世纪中叶，陈善所编著的《万历杭州府志》（1579年刊印）中，记载道："说者谓鱼本传沫而生。即红白二色雌雄相感而生花斑之鱼。以溪花郎与白鱼相感而生翠色之鱼。又取虾与鱼相感，则鱼尾酷类于虾，有三尾者，五尾者。此皆近时好事者所为，弘正间盖无之。亦足觇世变矣。"

16 世纪末叶，张谦德在所编著的《朱砂鱼谱》一书中提到金鱼的人工选鱼时说："蓄类贵广，而选择贵精，须每年夏间市取数千头，分数十缸饲养，逐日去其不佳者，百存一二，并作两三缸蓄之，加意爱养，自然奇品悉备。"在这些规模较大的养鱼劳作中，张谦德虽然已经知道了选鱼，但是还不知道选种。然而，后代的鱼是由前代被选出的鱼产生的，所以选鱼还是起到了一个选种的作用。这种选鱼起到了英国生物学家达尔文（C. Darwin，1809—1882）所称的"无意识选择"的作用。

直到 19 世纪中叶，中国人才开始在金鱼饲养中实行有意识的人工选择。由景行书屋出版的《金鱼图谱》（1848 年刊印）一书中，作者句曲山农就提出："咬子时雄鱼须择佳品，与雌鱼色类大小相称。"稍后的姚元之在《竹叶亭杂记》（1893 年刊印）中，还专门谈道："鱼不可乱养。必须分隔清楚。如，黑龙睛不可见红鱼，见者易变。""蛋鱼、纹鱼、龙睛尤不可同缸。各色分缸，各种异地……。"

2. 杂种优势的利用典例

中国古代先民通过长期从"无意识"到"有意识"的人工选种实践，已经注意到如何通过杂交育种，利用动植物的杂种优势。

我国是利用杂种优势最早的国家。《齐民要术·养马篇》对马和驴杂交产生的骡，已经作了性状的具体描述，认为马和驴杂交能否产生后代和后代的强弱是受遗传性支配的。该书描述了"驴覆马生骡则难。常以马覆驴，所生骡者，形容壮大，弥复胜马"的杂种优势现象。马与驴杂交产生的种间杂种——骡，不仅从马那里得到体大、迅捷、力大、活泼等优点，又从驴那里得到步稳、温驯、耐力强、耐粗食的特点。

有关杂种优势的利用最为突出的一个典型实例，则是在 1637 年刊印的《天工开物》中所记载的，有关明代蚕农进行家蚕杂交育种的工作。宋应星在《天工开物·乃服篇》中写道："凡茧色唯黄白两种。川、陕、晋、豫有黄无白，嘉、湖有白无黄。若将白雄配黄雌，则其嗣变成褐茧。"他还写道："今寒家有将早雄配晚雌者，幻出嘉种，一异也。"这里的所谓"早雄"是指一化性雄蛾，"晚雌"是指二化性雌蛾，"幻"是变化的意思，"幻出嘉种"即变化产生了优良蚕种。可以说，这不仅开创了家蚕人工杂交育种的先例，也是世界上最早关于家蚕杂交育种的记载。它比日本和欧洲的家蚕杂交之事（始见于18世纪），至少要早100多年。[2]

不仅如此，中国先民们在积累大量经验的基础上，还进一步探究了杂种优势的机理。《鸡谱》（清代乾隆丁未年，即公元1787年的抄本）中清楚地记载着杂种优势的好处是能补其不足："千百之雏皆易得也，安能知三配也。三配者，有头嘴之配；有羽毛之配；有厚薄之配。其妙补不足，去其有余，方能得其中和也。世俗不知，得一佳者之雄，必欲寻其原窝之雌，以为得配。而却不知鸡之生相，岂能得十全之美乎，必有缺欠之处，大凡原窝之雌，必然同气相类，彼此相缺皆同，安能补其不足，去其有余者耶？"[3]

3. 达尔文对中国古代遗传育种的论述

中国古代先民所进行的从无意识到有意识的人工选种，以及对杂种优势的初步利用的一些成功事例，早为国外学者所关注。英国生物学家达尔文在他的《物种起源》（1859）、《动物和植物在家养下的变异》（1868）和《人类由来与性选择》（1871）等经典著作中，谈到蚕、兔、猪、金鱼、鸡、鸽、绵羊等动物以及竹、杏、桃、牡丹、水稻、小麦等植物的时候，就特别把注意力转向中国，并反复地引用与论证有关中国的史料。

在《物种起源》中，达尔文写道："如果以为选择原理是近代的发现，那就未免和事实相差太远……。在一部古代的中国百科全书中，已经有了关于选择原理的明确叙述。"[4]

达尔文在指出中国人最早饲养金鱼的事实后，对古代饲养金鱼的方法也从近代科学的角度给予了论述。他在《动物和植物在家养下的变异》一书中写道："……中国人正好会隔离任何种类的偶然变种，并且从其中找出对象，让它们交配。所以可以预料，在新品种的形成方面曾大量进行过选择，而且事实也确系如此。"

在《动物和植物在家养下的变异》一书中，达尔文还写道："在前一世纪，'耶稣会会员们'出版了一部有关中国的巨大著作，这一著作主要是根据古代中国百科全书编成的。关于绵羊，据说'改良它们的品种在于特别细心地选择那些预定作为繁殖之用的羊羔，给予它们丰富的营养，保持羊群的隔离'。中国人对于各种植物和果树也应用了同样的原理。皇帝上谕劝告人们选择显著大型的种子，甚至皇帝还自己亲手进行选择，因为据说御米，即皇家的米，是往昔康熙皇帝在一块田地里注意到的，于是被保存下来了，并且在御花园中进行栽培（参见康熙皇帝爱新觉罗·玄烨的《几暇格物编·御稻米》一书）。此后，由于这是能够在长城以北生长的唯一品种的水稻，所以便成为很有价值的了。甚至关于花卉等植物，按照中国传统，牡丹的栽培已经有 1400 年了，并且育成了200 到 300 个变种。"[5]

纵观中国几千年的文明史，毫无疑问，在浩瀚的古籍中，不仅有着先民关于生物遗传和变异等方面极为丰富的文献数据，而且记载着我们的祖先在人工选择与对杂种优势利用的许多具有先驱作用的遗传育种经历。这些遗传育种之实践，或者拥有可靠的史料，或者先于欧美各国。

但是，我们也应该清楚地认识到：中国古代先民在长期生活和生产实践中，所进行的这些初步探索，还较多地局限于表面的现象描述和经验总结等感性认知层面，缺乏专门的、系统性的遗传育种实验之研究，由此也不可能形成较为完整的、具有分析归纳特点的现代遗传学理论。

20 世纪初期，随着留学欧美各国的陈桢、李汝祺（1895—1991）、陈子英（1897—1966）、卢惠霖（1900—1997）、潘光旦（1899—1967）、谈家桢（1909—2008）、李景均（1912—2003）等遗传学学者陆续学成回国，现代遗传学理论才开始从欧美逐渐传入中国，并开始在中华大地扎根发展。

与此同时，同样留学欧美日各国，接受了现代遗传育种科学熏陶的丁颖（1888—1964）、赵连芳（1894—1968）、沈宗瀚（1895—1980）、李先闻（1902—1976）、金善宝（1895—1997）、杨允奎（1902—1970）、吴绍骙（1905—1998）、李竞雄（1913—1997）、鲍文奎（1916—1995）、王绶（1897—1972）、王金陵（1917—2013）、冯泽芳（1899—1959）、蔡旭（1911—1985）等一大批学者回国后，运用现代遗传学理论，开始有目的地对水稻、小麦、大麦、粟、大豆和棉花等农作物进行杂交育种的实验设计和生产实践的探索，以及进行育种技术的推广与研究，中国现代农业科学的基础才由此奠定。

注释：

［1］陈桢.金鱼家化史与品种形成的因素［J］.动物学报，1954（2）：102.
［2］茍萃华，汪子春，许维枢，等.中国古代生物学史［M］.北京：科学出版社，1989：197-198.
［3］汪子春.稀世抄本《鸡谱》初步研究［J］.科学通报，1985（15）：1186-1187.
［4］达尔文著作中多次提到的《古代中国百科全书》，中国学者潘吉星进行专门考证后认为：《古代中国百科全书》决非某一中国人的某一著作，它是许多著作的化身.它有时被指定为李时珍的《本草纲目》，有时又指贾思勰的《齐民要术》.
［5］潘吉星.达尔文和我国生物科学——为纪念他诞生 150 周年及其《物种起源》发表 100 周年而作［J］.生物学通报，1959（11）：517-518.

第二篇

20 世纪上半叶：中国遗传学的孕育与初创

　　现代遗传学是从西方传入中国的。20 世纪初期，我国老一辈的遗传学家陈桢、李汝祺、李先闻、谈家桢等，为中国遗传学的初创与发展，作出了大量具有开拓性的艰辛努力。

第二篇

20 世纪上半叶：中国遗传学的孕育与初创

▶

第一章　现代遗传学由西方传入中国

现代遗传学初萌于以孟德尔为代表的欧美科学家进行的大量系统性的植物杂交实验之研究。

1. 遗传学的发生与早期发展

18 世纪至 19 世纪期间，为了对植物进行品种改良以获得新的植物类型，并探讨杂种形成的理论，在欧洲一些皇家科学院公开悬赏科学论文的激励下，科尔罗伊德（J.G.Köelreuter, 1733—1806）、奈特（T. A. Knight, 1759—1838）、盖特纳（C. F. Von Gärtnor, 1722—1850）、诺丁（C. Naudin, 1815—1899）等一大批科学家，开始进行一系列植物杂交实验。他们的研究工作，为孟德尔遗传定律的发现，建立了一个广泛的基础。

（1）孟德尔的植物杂交实验

孟德尔是遗传学史上第一个对遗传和变异现象作出系统性实验研究的科学家（图 2.1.1）。他以认真求实、坚韧不拔的实验态度成为科学研究的典范；他秉持的严谨有序、富有创新性的科学方法备受称赞。孟德尔认为："如果人们不想一开始就使成功的可能性陷入危险的境地，那么就要尽可能地仔细选择做这种实验的植物。"

孟德尔在研究了前人的杂交实验之后，选用豌豆作为实验材料，将

其研究工作限定于彼此之间差别十分明显的、单一性状的遗传过程，由此简化了实验的条件。在杂交实验的操作中，他将具有每一对相对性状的植株，都分别编为一组进行杂交实验，并进行仔细观察和记录。

与先驱们的研究工作的最大不同之处就在于，孟德尔分类处理了 F_2 中被前人认为是无规律的变异。他运用群体分析的方法，统计了 F_2 数以万计的种子和植株，确定了各种类型之间的数量关系。孟德尔以敏

图 2.1.1　遗传学的奠基人孟德尔（G. Mendel, 1822—1884）

锐的观察力觉察到杂种后代表现出的呈 3∶1 的性状分离比，必然反映着某种遗传的规律性。

接着，孟德尔运用假设—推理的方法，对于实验中发现的 3∶1 的性状分离现象进行解释。为了证明这种假设的合理性，他又设计了独特的测交实验，以检测 F_1 产生生殖细胞的类型及其比例。他对测交实验所做的彻底分析表明，所有预期将要出现的类型及比例，完全符合之前的理论假设。

由于集中在单一性状和它们在后代中的行为研究，并运用了假设和实验相互依存的模型，孟德尔总结出了"在杂种体内，来自母方和父方的不同因子从不混合，在生殖细胞形成时，不可避免地要发生分离"的理论，从而根除了人们对融合遗传的迷信，揭示出生物遗传的最基本规律——分离定律。

在这之后，孟德尔将他的遗传新见解推广到包括两对以上相对性状的杂交实验的研究中，又揭示出了自由组合定律。

1865 年 2 月 8 日和 3 月 8 日，孟德尔在奥国小城布隆（现属捷克）的自然科学协会会议上报告他的豌豆杂交实验成果。1866 年又以题为 "Experiments in Plant Hybridization"（植物杂交的试验）之论文，发表在该协会会刊第 4 卷上。

在这篇论文的绪言中，孟德尔写道："在所有已做的大量实验中，没有一个是这样的规模和方法，能确定杂种后代中出现的各种类型的数

目；或是很有把握地把每代出现的各种类型进行分类；或是确定这些类型的统计学关系。要从事这么大规模的工作是需要勇气的，但这样的工作，无疑是我们最后解决问题的唯一且正确的方法。"

孟德尔正是以极大的勇气，摆脱前辈思想的束缚，勇于革新实验方法，在处于孤立困境、面临种种波折的情况下，进行了长达 8 年的豌豆杂交实验。他以敏锐的眼光精心选择了实验材料，以深邃的构思合理设计了实验程序，以精确的数学分析方法恰当处理了实验结果。由此，他才能从表面上看来似乎是偶然的现象中，成功地发现被誉为人类在对自然界的了解中的杰出贡献之一的遗传定律，从而奠定了现代遗传学的基础。[1]

然而，孟德尔这一划时代的重大发现，却没有被当时的生物学界所承认。由此，他的《植物杂交的试验》经典论文，在布满灰尘的书架上沉睡了 35 年。

（2）孟德尔遗传定律的重新发现

1892 年，德国生物学家魏斯曼（A. Weismann，1834—1914）批判性地考察了以前的各种遗传理论，综合达尔文、耐格里（C. Nageli，1817—1891）和德弗里斯（H. de Vries，1848—1935）等人的工作，以补充增订的形式发表了《种质连续学说》。在这个遗传理论中，魏斯曼把生物体明确地分为了体质和种质。他认为："遗传是由具有一定化学性、首先是具有分子结构的物质在世代之间的传递来实现的，这种物质就是'种质'，它具有稳定性和连续性。"魏斯曼提出的遗传物质的概念及其传递的机制，引起了人们对遗传和变异现象研究的兴趣，促使不少学者纷纷去进行孟德尔早已做过的杂交实验研究，这就为 1900 年重新发现孟德尔遗传规律拉开了序幕。

1900 年，荷兰植物学家德弗里斯、德国植物学家科伦斯（C. Correns，1864—1933）以及奥地利植物学家丘歇马克（E. von S. Tschermak，1872—1962）各自独立进行植物杂交实验研究，在研究论文发表前夕查阅有关文献时，几乎同时重新发现了孟德尔在 1866 年发表的论文——《植物杂交的试验》。科学史上称这一事件为孟德尔定律的重新发现。孟德尔定律的重新发现，标志着遗传学的真正诞生。

1900 年 5 月，英国遗传学家贝特森（W. Bateson 1861—1926）在英

国皇家园艺学会大会开幕式上，结合自己进行的动植物杂交实验，第一个向与会学者报告了孟德尔的重大发现。

1901年，贝特森率先把孟德尔的论文《植物杂交的试验》由德文译成英文，并加以评注发表在英国皇家园艺学会的杂志上。也正是这篇译文，使孟德尔的发现首先引起了英语系国家的注意，进而在世界各地产生了巨大的回响。

1906年7月30日至8月3日，在英国伦敦召开的第三届国际遗传学大会上，贝特森在宣读《遗传学研究进展》之论文时，第一次建议人们把研究遗传和变异的这门学科，正式定名为遗传学（Genetics）。与此同时，贝特森还和他的学生庞尼特（R. C. Punnett, 1875—1967）将孟德尔的实验过程图解化，由此加快了孟德尔遗传学的传播。[2]正是贝特森通过坚持不懈的努力，才使孟德尔从一个默默无闻的神父，成为众所周知的遗传学奠基人。

（3）细胞遗传学的黄金时代

从1909年起，在美国哥伦比亚大学、加州理工学院，摩尔根（1933年荣获遗传学领域的第一个诺贝尔生理学或医学奖）领衔的果蝇实验室（简称"蝇室"），用黑腹果蝇所进行的一连串精彩实验，证明了基因位于染色体上。摩尔根与他的弟子斯特蒂文特（A. Sturtevant, 1891—1970）、布里吉斯（C. Bridges, 1889—1938）、缪勒（H. J. Muller, 1890—1967）（1946年荣获诺贝尔生理学或医学奖）等一道，以他们创造性的研究工作，揭开了遗传学发展史上崭新的一页。

1926年，摩尔根出版了集染色体遗传学之大成的名著《基因论》（*The Theory of the Gene*），系统地阐述了遗传学在细胞水平上的基因理论，极大地丰富和发展了孟德尔的遗传学说。

与此同时，在美国的康奈尔大学，由埃默森领衔的玉米遗传学研究团队，带领着比德尔（G. W. Beadle, 1903—1989, 1958年荣获诺贝尔生理学或医学奖）、麦克林托克（B. McClintock, 1902—1992, 1983年独享诺贝尔生理学或医学奖）等，也取得了令人振奋的遗传学研究成果。

1931年，麦克林托克等发表的《玉米细胞学与遗传学交换之相互关系》的研究论文，被誉为"现代生物学最伟大的实验之一"。该论文中提出的实验证据令人信服地证实了基因与染色体之间的关系。

1932 年，在第六届国际遗传学大会上，摩尔根和埃默森两位遗传学大师携手，共同推动细胞遗传学的突飞猛进。从这时起，遗传学以其前所未有的步伐，迅速跃居自然科学的前沿。

2. 国内期刊对传播遗传学所起的先导作用

20 世纪初期的中国，受长达两千多年的封建统治的影响，科学的发展被严重束缚。清朝政府的闭关锁国政策，延缓了西方先进的科学技术进入中国，包括推迟了以孟德尔学说为代表的现代遗传学在中国的传播。

1911 年辛亥革命爆发后，随着中国进步青年和知识分子掀起的反对封建迷信、提倡民主与科学的新文化运动逐渐兴起，西方的各种思想文化和科学理论开始被大量地引入中国，由此促进了现代生物学在中国逐渐扎根。以孟德尔学说为代表的现代遗传学理论，也开始在国内通过一些杂志的介绍，逐渐地为国人所知晓。[3]

查证有关的文献史料可知，国内较早刊载介绍孟德尔遗传学说文章的期刊，主要有《进步杂志》《东方杂志》《民铎杂志》和《科学》等。

迄今为止，所能发现的最早介绍孟德尔及其遗传学说的文章，出现于 1913 年。这一年，《进步杂志》在译载《生命之解谜》一文时，专用"遗传"一章，整整 17 页的篇幅，讲述了遗传学的问题，着重介绍了孟德尔的遗传学说及其重要意义，认为"奥人梅氏（Mendel）对于此事研究最深，且示吾人以实验不可动摇之根据。其所论述，可与达尔文之进化论争光焉"。[4]

同一年，上海广学会出版的由伊万摩根和许家新翻译的英国著名生物学家汤姆生（J. A. Thomson，1861—1933）所著的《格致概论》一书中，也提到"孟特尔（Mendel）则以遗传牌合法，用人为之选择而发达某种类，名之曰孟特尔法"。[5]

当时发行量较大、颇有一定影响的《东方杂志》[6]，连续刊载了介绍孟德尔遗传学说的译文。如《最近生物学之进步》[1914，11（4）]一文中指出："遗传学（Genetics）系一千八百六十年补林之僧明特著（Mendel）所实验而得者。曾揭与一小市之博物会报。至一千九百年尚未为一般学者所知。近十三四年来日形发达，有旭日冲天之势。而其所关联之人种改良学亦继长增高。非复旧观矣。"在《遗传进化说之应用于农艺》[1915，12（8）]一文中说："曼德尔（Mendel）遗传说兴，不特为进化史中开一新纪元。即于农业界中，亦影响甚大也。"

1917 年，《国立北京农业专门学校杂志》刊载的《生物上子不类亲之理由》[7]一文中讲道："自近世美台尔律（Mendelism）之发达及遗传现象之数理之研究之结果。于是生物体独立遗传之种种性质。即所谓独立遗传之单位形质之集合体，辄以其数理的一定之顺序。或相分离，或相结合。而生苗裔之理由。始得以发明。"

1918 年，蒋继尹在《学艺》杂志上发表《闵德氏之遗传律》一文。[8]该文章分缘起、概说、余论三大部分，配合图表，详细地介绍了孟德尔及其遗传学说，指出孟德尔的单位性状遗传因子与达尔文的泛生子"适成反对"，后者"纯属想象"等。这是在我国较早且较为详细地介绍孟德尔及其遗传学说的文章。

在 20 世纪最初的 10 多年间，各种杂志所刊载的有关遗传学的文章，大多数都是很零星和不完整地对孟德尔遗传学说作一些介绍，而且译名也很不统一，因而只是在学术界引起了一些学人的注意，对社会各界的影响是很不明显的。但是，应该看到，这些媒体在把孟德尔遗传学说引入中国，并在中国的早期传播上，却起了十分重要的先导作用。在当时为数不多的国内学术期刊中，创刊于 1915 年的《科学》杂志，所起的作用则更是功不可没的。

3.《科学》杂志与遗传学在中国的早期传播

1914 年 6 月 10 日，留学美国哈佛大学和康奈尔大学的任鸿隽、杨杏佛、胡明复、周仁、秉志（1886—1965）、章元善、过探先（1886—1929）、金邦正、胡适、赵元任等 10 多名中国学子，聚集在纽约州的伊萨卡（Ithaca），出于科学救国的共识，商讨成立中国科学社，共同发展祖国的科学事业。为了以自己所学科学知识报效祖国，为摆脱"学术荒芜之国"的面貌，向中国国内民众宣传科学思想、普及科学知识、提倡科学方法、弘扬科学精神，他们决定首先组织编辑部，募集资金，创办"以传播世界最新科学知识为帜志"的《科学》杂志。

1915 年 1 月 1 日，《科学》创刊号（图 2.1.2）经留学生在美国康奈尔大学编辑，由上海商务印书馆在国内正式印刷发行。它的出版，成为中国大地上新文化运动惊雷乍响之前，悄然绽放的第一枝报春花。[9]

SCIENCE

科学

本期要目
心理學與物質科學之區別
說中國無科學之原因
水力與汽力及其比較
中美農業異同論
生物學概論

民國四年正月
科學社發行
第一卷第一期　每册二角五分

图 2.1.2　《科学》创刊号

《科学》杂志在创刊初期，就刊载了多篇介绍孟德尔遗传学说的文章。如：秉志在他的《生物学概论》[10]一文中讲到了"曼德尔遗传学说"用之于实践"若操左券矣"。钱崇澍（1883—1965）的《天演论新义》[11]、过探先的《植物选种论》[12]等文章都谈到了孟德尔的定律。《新天演学说》一文[13]认为，新进化理论"全仗门德尔（Mendel）之理论"。

1916 年，《科学》杂志的"杂俎"专栏内，以《门特尔》为标题，专门介绍了孟德尔其人的生平和实验工作。该篇文章高度评价道："门特尔精于观验，研究颇精。深潜天然生物之理，而发明遗传性之定律。……门氏当时发明其理，实为生物学别开生面，至今学者祖述之，与达尔文天择之说，蔚然并峙。其开造化之谜，有功于牧畜植种及人种改良者，实非浅鲜也。"[14]

在这之后，《科学》杂志又陆续发表了陈桢的《遗传与文化》[15]《孟德尔略传》[16]，李积新的《测性生男生女的研究》[17]，冯肇传（1895—1943）的《单眼缘之遗传》[18]等一系列重要的文章，向广大读者较为系统地介绍孟德尔及其遗传学说，以及遗传学在人类的经济、文化和思想观念的变革等方面的重要意义。

从 1915 年到 1949 年的 35 年间，《科学》杂志总共出版发行了 31 卷。据不完全统计，在"杂俎""科学新闻"等专栏中，陆续刊载了 130 多篇有关遗传学知识的科普教育文章和中国遗传学家的研究论文，不断地向中国读者介绍孟德尔及其重要的科学成就，介绍现代遗传学研究的最新进展。

《科学》杂志介绍的这些遗传学知识，为当时的中国民众展示了遗传科学的一个前所未有而又日新月异的发展概貌，潜移默化地影响和改变着国人的知识结构与思想观念，为中国遗传学的形成和早期发展，作出了一份独特的贡献。

对于《科学》杂志在提高中国民众的科学水平和普及现代科学（包括现代遗传学）知识上所发挥的重要作用，国际著名的科学史学家、英国剑桥大学的李约瑟曾经在 1940 年代给予了极高的评价。他称许《科学》杂志为中国之主要科学期刊，可与英国的《自然》（Nature）周刊、美国的《科学》（Science）周刊相媲美，是世界科学期刊的 A（America）、B（Britain）、C（China）。[19]

《科学》是中国最早的综合性科学学术期刊，也是我国现代科学史上历时最长、影响较大的一份综合性科学刊物。历时 100 余年的风雨沧桑后，至今仍在刊行，传播科学（包括遗传学）之帜志坚定不移。

4. 孟德尔诞辰 100 周年的纪念活动

1922 年，在孟德尔诞辰 100 周年之际，《东方杂志》发表了纪念孟德尔和高尔顿（F. Galton，1822—1911）的文章：《两个遗传学家的百年纪念》。[20]《民铎杂志》在出版的"进化论专号"[21] 中，结合孟德尔的照片介绍了孟德尔生平及其学说，指出"曼兑尔在学术上的功绩，除遗传律外，对于气象学也颇多贡献……"。

与此同时，上海《时事新报》的副刊用了整整八个版面出版了"曼德尔百年纪念专号"，发表了秉志的《曼德尔学说》、陈兼善的《曼德尔试验之结论及其困难处》、周建人的《曼德尔的遗传学说》、唐志才的《曼德尔传略》《曼德尔的事业》等纪念文章，共约 28000 字，刊登了孟德尔的两幅照片，较详细地集中介绍、论述和评价了孟德尔的生平、学说及科学成就。[22]

在这前后，介绍孟德尔遗传学说的文章还有《曼德尔及其遗传律》《遗传概论》《达尔文以后的进化论》等，从而使孟德尔遗传学说的传播，在当时的中国形成了一定的声势。陈兼善在撰写的《进化论发达略史》一文中谈到对孟德尔学说的传播时说："现在差不多只要有一点生物学知识的人，没有不知道这位奥国教徒曼兑尔了。"[23] 周建人在《曼德尔的教训》一文中也写到，孟德尔遗传学说"重新流布到科学界"，使"达尔文时代以后的新世纪开始了"。[24]

在此期间，由于国内介绍孟德尔遗传学说的文章大批出现，一时造成"关于遗传之著作及译文，每每任意译铸名词，人各一帜，错综纷乱，读者难之"的局面。仅以"G. Mendel"的译名来说，就有孟特尔、曼兑尔、曼德尔、门德尔、孟达尔、孟道尔、孟得儿等。这反映出当时对孟德尔及其遗传理论的传播，仍然有很大的局限，学者之间的相互交流做得还很不够。

为了正本清源，非统一名词不可。1922年，冯肇传与当时同在美国康奈尔大学研究遗传学的冯锐、王琠、陈宰均、王在均等，"相聚讨论，修订遗传学名词"。事毕，由稍后回国任教于南通大学的冯肇传组织编辑，并在《科学》杂志上发表了《遗传学名词之商榷》一文[25]。该文统一和规范了650余个遗传学的名词和术语，对孟德尔遗传学说的传播起了促进作用。

5. 遗传学译著与读本在中国的早期出版

从1920年代初期开始，国内学者在遗传学传播的高潮中，不仅陆续编写和翻译遗传学方面的专著，也继续在各种期刊上发表介绍现代遗传学各种理论的文章。

1919年，陈寿凡编译的介绍孟德尔的遗传学说的专著《人种改良学》出版。该书不仅应用孟德尔的遗传学说论述了人种改良的问题，还专节介绍了孟德尔的遗传规律及其发展，以及摩尔根等学者新发现的性连锁等遗传现象。[26]

1920—1921年，学者顾复第一个将孟德尔的经典文献《植物杂交之试验》的全文翻译成中文（译名为"植物杂种之试验"）分为5期连续刊载于《学艺》杂志上。[27]我国学者第一次读到孟德尔论文的全文，对孟德尔杂交实验的独特研究方法和所揭示出来的遗传规律，感到耳目一新。顾复在这篇译文的开头便明确指出：孟德尔"此区区四十页之论文实建设晚近实验遗传学之基础。足以与种原论并驾齐驱。而较之种原论更为精密深邃之世界的名著也"。孟德尔《植物杂交之试验》的论文在中国第一次与读者见面，不仅对传播孟德尔的遗传理论，而且对传播科学的方法论，推动中国遗传学的形成和发展，都起到了不可低估的重要作用。

图 2.1.3 林道容 译《植物杂种之研究》

1936 年，林道容将日译本的孟德尔论文《植物杂种之研究》转译成中文，以单行本的形式出版发行，并收入到《万有文库》第二集中（图 2.1.3）。这是我国出版界第一次正式出版发行孟德尔论文的单行中译本。[28] 1937 年，《植物杂种之研究》又以汉译世界名著单行本出版发行。该中译本的出版发行，虽然距离孟德尔论文的发表时间已经 70 年，距离孟德尔论文被重新发现也已经 37 年，但是对于现代遗传学在中国的传播，却是一件大事。它为中国广大学者进一步系统地了解和深入研究孟德尔的科学成就和科学方法，发展中国自己的遗传学，提供了最为重要的直接材料。

图 2.1.4 伊狄尔斯 著，谭镇瑶 译《门德尔传》

1936 年，上海商务印书馆还出版了由谭镇瑶翻译的奥国学者 H. Iltis 的名著《门德尔传》[29]。该书共分 21 章，配有插图、照片 22 幅，详尽地介绍了孟德尔的生平、业绩、论文被埋没的原因以及重新发现的过程。这部书在今天仍然被视为最具有权威性的孟德尔评传中译本（图 2.1.4），它的出版使中国学者对孟德尔及其卓越的科学成就、独特的遗传学研究方法，有了更为全面、深入的了解。

在 20 世纪 40 年代末之前，我国学者撰写的介绍孟德尔遗传学说、优生学知识、基因学说等现代遗传学理论方面的专著还有陈兼善的《遗传学浅说》（1926）、潘光旦的《人文生物学论丛》（1928，再版改为《优生概论》）、刘雄的《遗传与优生》（1934）、胡步蟾的《优生学与人类遗传学》（1936）等。同时，我国学者也翻译了许多国外的遗传学著作，如《遗传学要纲》（木原均 著，于景让 译，1936）、《遗传》（Goldschmidth 著，罗宗洛 译，1936）和《遗传学》（田中义麿 著，陶英 译，1940）等。[30]

从 20 世纪 20 年代初期到 20 世纪 40 年代末，随着现代遗传学的迅猛发展，许多引人注目的新成就、新理论，通过中国学者陆续撰写的文章，也不断面向国内的公众进行传播。例如：秉志在《外斯门事略》[31]之文章中，简介了魏斯曼的种质学说；傅任敢在《后得性遗传问题之实验的研究》[32]一文中，介绍了魏斯曼的"获得性不能遗传"的理论。张作人在《突然变异说》[33]一文中，介绍了德弗里斯的突变学说；在《孟德尔式遗传之机关》[34]、《血族结婚》[35]等文章中，介绍了孟德尔遗传律及其与人类优生的关系；上官垚登发表了《染色体学说》[36]的介绍文章；等等。

注释：

[1] 冯永康.孟德尔之遗传学[J].科学月刊（台北），1996（4）：336-339.

[2] 冯永康.遗传学的早期倡导者——贝特森[J].科学月刊（台北），2000（5）：425-429.

[3] 曹育.孟德尔遗传学是怎样传入我国的[J].中国科技史料，1988（1）：89-91.

[4] 绾章.生命之解谜[J].进步杂志，1913（5）：8-14，1913（6）：1-10.

[5] 汤姆生（J. A. Thomson）.格致概论[M].伊万摩根，许家新，译.上海广学会，1913.

[6] 1904 年 3 月 11 日创刊，以"启导国民，联络东亚"为宗旨，由上海商务印书馆创办人夏瑞芳主办.

[7] 卢守耕.生物上子不类亲之理由[J].国立北京农业专门学校杂志，1917（7）：48-61.

[8] 蒋继尹.闵德氏之遗传律[J].学艺，1918（3）.

[9] 本刊评论员.以传播世界最新科学知识为帜志：纪念《科学》创刊 85 周年[J].科学，2000（5）：4-5.

［10］秉志 . 生物学概论［J］. 科学，1915（1）：80.

［11］钱崇澍 . 天演论新义［J］. 科学，1915（1）：784-788.

［12］过探先 . 植物选种论［J］. 科学，1915（1）：799-806.

［13］新天演学说［J］. 科学，1915（2）：221.

［14］山·门特尔［J］. 科学，1916（7）：817.

［15］陈桢 . 遗传与文化［J］. 科学，1923（6）：629-636.

［16］陈桢 . 孟德尔略传［J］. 科学，1923（9）：975-977.

［17］李积新 . 测性生男生女的研究［J］. 科学，1923（7）：737-748,（10）：1071-1098.

［18］冯肇传 . 单眼缘之遗传［J］. 科学，1925（12）：1476-1493.

［19］张孟闻 .《科学》的前三十年［J］. 科学，1985（1）：75-77.

［20］高山 . 两个遗传学家的百年纪念［J］. 东方杂志，1922（12）：96-99.

［21］进化论专号［J］. 民铎杂志，1922（4-5）.

［22］曼德尔百年纪念专号［J］. 见上海《时事新报》的副刊《学灯》1922，7月22—23日 .

［23］陈兼善 . 进化论发达略史［J］. 民铎杂志，1921（5）：83-138.

［24］周建人 . 曼德尔的教训［J］. 妇女杂志，1922（9）.

［25］冯肇传 . 遗传学名词之商榷［J］. 科学，1923（7）：759-775.

［26］陈寿凡 . 人种改良学［M］. 上海：商务印书馆，1919.

［27］G. Mendel. 植物杂种之试验［J］. 顾复，译 . 学艺，1920—1921，2（5、7、9、10），3（4）.

［28］G. Mendel. 植物杂种之研究［M］. 林道容，译（日译本）// 万有文库第2集 . 上海：商务印书馆，1936.

［29］H.Iltis. 门德尔传（上、下册）［M］. 谭镇瑶，译 . 上海：商务印书馆，1936.

［30］郭学聪 . 孟德尔学说在中国的传播［M］// 孟德尔逝世一百周年纪念文集 . 北京：科学出版社，1985：15.

［31］秉志 . 外斯门事略［J］. 科学，1923，8（5）：538-542.

［32］傅任敢 . 后得性遗传问题之实验的研究［J］. 民铎杂志，1928（4）.

［33］张作人 . 突然变异说［J］. 民铎杂志，1922（4）.

［34］张作人 . 孟德尔式遗传之机关［J］. 民铎杂志，1927（3）.

［35］张作人 . 血族结婚［J］. 民铎杂志，1928（3）.

［36］上官垚登 . 染色体学说［J］. 科学，1924（12）：1494-1504.

第二章　早期留学欧美的中国遗传学家

1905 年，随着持续了一千三百多年的科举制的废除，中国传统的经学教育开始转向现代的科学教育。以 20 世纪初期发生的教育革命为契机，废科举、兴学堂，出现了中国历史上第一次留学大潮。一大批有志青年远渡重洋，奔赴欧美各国的著名高校，迅速地接近世界科学的前沿，为中国现代遗传学的建立而奋发求学。

中国遗传学早期人才留学海外的去向，首先是日本。当美国政府的庚子赔款退还款项用作中国学生留学费用后，美国便迅速成为中国学子海外留学的主要去向。从留学的专业分布来看，首先是以农学为重点取向，研习作物遗传育种的学子占了相当高的比例。其次是以遗传学本身为取向，从事遗传学基础理论的实验研究。其结果，带来了摩尔根遗传学在中国的传承与发展。

1. 受教于摩尔根"蝇室"的中国遗传学家

中国遗传学的发展，是与陈桢、李汝祺、谈家桢等老一辈遗传学家的艰辛创业生涯紧密地联系在一起的。这些学者早年都曾赴美留学，受教于国际遗传学大师摩尔根的果蝇实验室。他们从西方学成并带回了现代遗传学的基础理论、实验技术和研究方法，为中国遗传学的形成和发展作出了奠基性的贡献。

陈桢（Ch'en Chen），字席山（Shisan C. Chen），后改协三。1894 年

图 2.2.1 　陈桢留学途中（1919）

3 月 14 日出生在江苏省邗江县瓜洲镇。1912 年，为了获得公费学习的资格，陈桢改入江西省铅山县籍，参加了在南昌举行的江西省公费考试。他以初试和复试皆名列榜首的成绩，进入上海中国公学院大学部预科学习，1914 年转入金陵大学农科学习。1918 年，陈桢以优异成绩毕业，获得金陵大学农林科首届农学士学位，留校担任育种学助教。同年冬天考取清华学校留美官费生，于 1919 年赴美留学（图 2.2.1）。

陈桢先是在康奈尔大学农学系进修，兴趣未定。1920 年春，他转入哥伦比亚大学动物学系跟随著名的细胞学家威尔逊（E. B. Wilson，1856—1936）学习细胞学、染色体的遗传理论等课程。然后他选择进入摩尔根的实验室，主要学习遗传学的基础知识。1921 年夏，陈桢提前获得哥伦比亚大学的硕士学位后，继续在摩尔根的果蝇实验室，跟随摩尔根等大师主要进行遗传学实验技术的深造。在注册哥伦比亚大学学籍的后两个学期中，陈桢选了摩尔根的遗传学课程（上、下），每周进行 2 小时的听课和 6 小时的实验，获得 12 个学分。同时，他还选学了摩尔根的生理形态学和实验胚胎学（之后这两门课程合为发育的生理基础），每周进行 1 小时的听课和 5 小时的实验，获得 8 个学分。[1] 在这里，陈桢不仅学习并掌握了基本的杂交技术，还学会了把统计学分析与细胞学相结合的实验研究方法。他是在摩尔根的"蝇室"里进行学习，并进行实验技术专门训练的第一位中国留学生。[2]

李汝祺（Ju-Chi Li），1895 年 3 月 2 日出生于天津市。1911 年考取清华留美预备学校，1918 年从清华留美预备学校毕业，翌年赴美进入普渡大学的农学系学习畜牧学。1923 年，李汝祺进入美国哥伦比亚大学研究院，师从摩尔根及其弟子布里吉斯。在摩尔根的"蝇室"里，他利用丰富的实验材料从事黑腹果蝇发生遗传学的研究。经过 3 年的艰辛工作，李汝祺以博士论文《果蝇染色体结构畸变在发育上的效应》顺利通过答辩，成为第一个在摩尔根实验室里获得博士学位的中国留学生（图 2.2.2）。紧接着，李汝祺的博士论文在美国著名学术期刊 *Genetics* 上发表（1927 年第 12 卷第 2 期），被誉为世界上最早以黑腹果蝇为实验材料，研究发生遗传学的经典性文献。[3]

陈子英（Tse-yin Chen），字晋杰，江苏省苏州人。1921 年从东吴大学毕业后进入燕京大学，在摩尔根的杰出弟子波琳（A. M. Boring，1883—1955）的指导下攻读学位，成为燕京大学生物学系的第一个遗传学硕士研究生。之后，陈子英获得洛克菲勒基金会的奖学金，到美国哥伦比亚大学摩尔根实验室继续深造，在摩尔根及其大弟子斯特蒂文特的指导下，于 1926 年获得博士学位。[4]

图 2.2.2　李汝祺留美学成归国途中（1926）

潘光旦（Quen-tin Pan），原名光亶，别号仲昂，江苏宝山县人。1913 进入北京清华学校学习（1914 年参加跳高锻炼时受伤锯去一腿，休学两年），1922 年从清华学校毕业后赴美留学。他先插班进入新罕布什尔州 Dartmouth 学院三年级学习生物学，于 1924 年获得学士学位。在这期间，他曾利用暑期在纽约州长岛冷泉港优生记录馆参加过优生与遗传研习班，翌年又在该馆参加过人类学和优生学的研究工作。1925 年 9 月，潘光旦进入哥伦比亚大学研究院学习动物学、古生物学和遗传学课程。利用在哥伦比亚大学学习的机会，潘光旦曾专门聆听过摩尔根的遗传学讲课，并于翌年获得硕士学位。[5]

卢惠霖（H-L. LU），又名卢高荣、卢润生，湖北省天门县人。1925 年在美国教会办的湖滨大学大学部毕业后，被送到美国海德堡大学插班就读。1926 年秋进入哥伦比亚大学研究生院继续深造，选学摩尔根的遗传学和实验胚胎学以及威尔逊的细胞学和无脊椎动物学，1927 年获硕士学位。1928 年秋，他在完成博士学位的必修课程后，经威尔逊推荐，到冷泉港海洋生物学研究所开展独立的细胞学研究。1929 年底，卢惠霖因患严重的肺结核病提前回国。[6]

谈家桢（Chia-Chen Tan），浙江省宁波慈溪人。1926年在湖州东吴第三中学毕业后，被免试保送东吴大学。1930年毕业后经胡经甫推荐，进入燕京大学跟随李汝祺攻读遗传学硕士学位。其间，他以《异色瓢虫鞘翅色斑的遗传》等研究论文，申请到赴美国摩尔根果蝇实验室深造的机会。1934年，谈家桢得到洛克菲勒基金会的资助，来到美国加州理工学院，师从摩尔根及其助手杜布赞斯基（Th. Dobzhansky，1900—1975）（图2.2.3）。在摩尔根实验室，他利用对果蝇唾液腺巨大染色体研究的最新成果，先后对黑腹果蝇两个近缘种染色体的结构差别及演变规律进行了开创性研究。他利用细胞遗传学的实验方法，发现果蝇种间的性隔离机制是由多基因突变形成的，从而深化了对进化机制的理解。1936年，谈家桢完成了博士论文《果蝇常染色体的遗传与细胞图》，并获得学位。[7]

图2.2.3　谈家桢与导师T. H. Morgan（左）和Th. Dobzhansky（1935）

根据1920—1930年代受教于摩尔根"蝇室"的中国弟子在中国遗传学发展进程中的学研经历，笔者曾以一首小诗《师从摩尔根"果蝇实验室"的中国遗传学家》参加了2017年由人民文学出版社、中国科学报社联合举办的第二届"科学精神与中国精神"诗歌大赛，并荣获奖项。[8]

师从摩尔根[9]"果蝇实验室"的中国遗传学家

百年遗传史，撰文述艰辛。先辈立大志，救国求理真。

踏上留学路，师从摩尔根。埋头做实验，潜心学业勤。

陈桢开先河，遗传教育兴。东大实验场，金鱼夺先声。

编写教科书，引领众门生。立足清华园，倾注毕生情。

首博李汝祺，擅长数果蝇。发生遗传学，学界初有名。

北大六十年，执教勤笔耕。著书开讲座，桃李天下行。

蝇室获博士，子英同发声。续探突变体，躬耕居燕京。

转研文昌鱼，厦大带后生。聚贤立学会，招帖引精英。

独腿潘光旦，性格牛皮筋。学问贯中西，笔耕通理文。

领衔社会学，探源中华根。驾拐访民俗，优生惠国民。

天门出才子，准博卢惠霖。发现亲铗体，师促续追根。

抱病回湘雅，施教苦立身。汉译《基因论》，医学创新门。

宁波 C. C. TAN，异色瓢虫情。留美师摩杜，浙大诵真经。

祠堂油灯下，"嵌镶"业界惊。育才四金刚，分科领先行。

摩根诸弟子，个个皆龙麟。学成回华夏，立志促创新。

传道育桃李，高校把舵门。奠基遗传学，不愧领航人。

1930 年代之后，留学美国同样攻读于哥伦比亚大学和加州理工学院，并获得博士学位的中国学者还有：

余先觉（1909—1994），湖南省长沙人。1931 年考入武汉大学生物系，1935 年毕业后留校任教。1946 年获得李氏基金资助，被派往美国加州理工学院生物学系留学，并有幸进入果蝇实验室，成为摩尔根大弟子斯特蒂文特的学生。在"蝇室"中，余先觉还得到摩尔根另一弟子刘易斯（E.B.Lewis，1918—2004，1995 年因果蝇发育生物学研究成就获得诺贝尔生理学或医学奖）在实验研究方面的直接指导。他通过用 X- 射线技术研究果蝇的反向突变和位置效应所获得新发现，于 1949 年顺利通过论文答辩，获得博士学位。[10]

盛祖嘉（1916—2015），浙江省嘉兴人。1940 年毕业于浙江大学后，跟随谈家桢从事亚洲异色瓢虫和果蝇的遗传学的教学与研究。1946 年，经谈家桢推荐到美国哥伦比亚大学杜布赞斯基实验室继续深造。他选择了以"粗糙脉孢菌突变性的遗传学研究"为课题，于 1950 年获得博士学位。[11]

施履吉（1917—2010），江苏省仪征人。1944 年获得浙江大学硕士学位。1946 年在导师谈家桢的引荐下，赴美国哥伦比亚大学研究生院，从事玉米细胞遗传学的实验研究。随后，由植物系转到动物系攻读，从事化学胚胎学方面的研究，于 1951 年获得博士学位。[12]

鲍文奎，浙江宁波人。1939 年毕业于中央大学农学院。1942 年起跟随李先闻从事小麦和粟（小米）的细胞遗传学研究，1947 年由李先闻推荐并得到"美租借法案"资助，赴美国加州理工学院生物系，进行链孢霉菌的生物化学遗传研究。1950 年，鲍文奎获得博士学位后，经过一番艰难曲折的旅程回国。[13]

沈善炯（1917—2021），江苏省吴江人。1942 年毕业于西南联合大学生物系。1947 年在张景钺的安排和胡适的帮助下，赴美国加州理工学院生物系留学，专修生物化学和遗传学。1950 年他顺利通过论文答辩，获得博士学位。[14]

2. 在康奈尔大学攻读的中国遗传育种学家

在 20 世纪 50 年代之前，除了在美国哥伦比亚大学和加州理工学院留学之外，还有更多的中国学者走进美国的康奈尔大学，专门进行作物遗传育种学的学习和实践研究。他们学成后先后回国，为中国现代科学农业的开创与发展奠定了扎实的基础。

赵连芳，河南省罗山县人。1921 年作为清华学校大学部的首届优秀毕业生，被选送到美国依阿华州（现多译为"艾奥瓦州"）立农工学院学习。1923 年，赵连芳获得学士学位，旋入威斯康辛大学专攻遗传学与育种学。1924 年，他获得硕士学位后，继续在威斯康辛大学进行水稻细胞遗传学的研究。通过水稻品种 4269（糯性）×4957（非糯性）等系列的杂交实验，赵连芳对糯性与稃尖色、长护颖与小穗外形、紫稃尖与紫叶鞘等性状，进行了连锁遗传的初步探索。1926 年，赵连芳将研究结果撰写成论文《水稻连锁遗传之研究》，获得博士学位。是年夏天，他转入康奈尔大学继续从事细胞染色体与性状遗传关系之研究。[15]

沈宗瀚，浙江省余姚县人。1914 年跳班考入北京农业专门学校（北农大前身），1918 年在北农毕业后继续坚持自修英文。1923 年自费赴美，就读佐治亚农业大学。1924 年获得硕士学位后，转入康奈尔大学研究生院主攻作物遗传育种学。1926 年，他完成《小麦出穗迟早之遗传》论文的撰写，于翌年 10 月获得博士学位。[16]

李先闻，重庆市江津县（原四川省江津县）人。1915 年考取四川省保送生名额进入清华预备学校读书。1923 年以位居清华学校高等科全年级前列的成绩毕业并取得留美资格，赴美国印第安纳州普渡大学园艺系深造。1926年获得学士学位后，李先闻考入康奈尔大学研究生院，师从著名的玉米遗传学大师埃默森，攻读植物细胞遗传学专业的硕士和博士学位。在玉米遗传学研究团队中，李先闻与导师埃默森、细胞遗传学讲师麦克林托克以及同学比德尔等一起，从事着"手脑并用"的遗传学研究，奠定了扎实的基本功。1929年他获得博士学位。[17]

图 2.2.4　玉米遗传学大师 R. A. Emerson 研究团队（1927）

（图中后排左 1 为 R. A. Emerson；前排蹲者左 1 为李先闻，左 2 为 G. W. Beadle）

　　冯泽芳，浙江省义乌县人。1918年考入南京高等师范学校（1921年升格为东南大学）农业专修科，1925年毕业后留校任教，并开始棉花遗传育种的研究。1930年考取美国康奈尔大学研究生，专攻棉花的遗传育种学。他充分利用美国实验室的先进设备，在显微镜下仔细观察棉花细胞的染色体。冯泽芳于1932年获得硕士学位，翌年又获得博士学位。[18]

　　戴松恩（1906—1987），江苏省常熟人。1931年以专业第一名的成绩获得金陵大学农学学士学位。1933年在清华大学又以专业第一名的成绩，获得公费留美生的资格。1934年赴美，到康奈尔大学研究生院攻读作物遗传育种和细胞遗传学。1936年获得博士学位。[19]

　　戴芳澜（1893—1973），湖北省江陵人。1910年高中毕业后，到北京参加游美学务处组织的考试，被录取为游美肄业馆（1911年更名为清华学堂）备取生。1913年毕业后于翌年赴美留学。他先后在威斯康辛大学农学院、康奈尔大学农学院、哥伦比亚大学研究生院攻读真菌学（包括真菌遗传学），于1919年获得硕士学位。1934—1935年，戴芳澜再一次奔赴美国，在康奈尔大学和纽约植物园 B. O. Dodge 实验室，从事脉孢菌的细胞遗传学研究。[20]

李景均，天津人。1936 年毕业于南京金陵大学农学院。1937 年赴美国康奈尔大学植物育种系留学，主修遗传学和生物统计学。留美期间，他阅读到杜布赞斯基的《遗传及物种起源》之论著，由此接触到群体遗传学家赖特（S. Wright，1889—1988）等人的工作，并对此深感兴趣。李景均于 1940 年获得博士学位后，专门到芝加哥大学、哥伦比亚大学以及北卡罗来纳大学，学习了一段时间统计学和概率论等课程，并在赖特的影响下，确定了他回国后的遗传学研究方向。[21]

蔡旭，江苏省常州人。1934 年毕业于南京中央大学农学院，后留校任教。1939—1945 年，在四川农业改进所稻麦场从事小麦抗锈病育种工作。1945 年赴美国康奈尔大学和明尼苏达大学进修学习，在华盛顿州、堪萨斯州等美国的几个产麦区，进行实地考察和广泛的调查研究，搜集了多达 3000 份小麦品种和育种材料，1946 年回国。[22]

李竞雄，江苏省苏州人。1932 年自苏州中学高中毕业后考入南京中央大学农学院。1936 年以优异成绩毕业并留校担任助教。1936—1944 年，跟随李先闻从事粟（小米）和狗尾草等植物的杂交工作。1944 年在李先闻的极力引荐和岳母支持下赴美留学深造。他先后获得密苏里大学、明尼苏达大学研究助教的名额，随后以研究生的名义注册入学康奈尔大学。他重点选用 X- 射线照射玉米花粉分析杂种一代各种染色体畸变的频率及其分布规律，以此作为博士学位的研究课题。1948 年，李竞雄获得博士学位后回国。[23]

庄巧生（1916—2022），福建省闽侯县人。1939 年毕业于金陵大学农艺系后，到中央农业实验所参与小麦品种区域实验工作。1945—1946 年先后在美国堪萨斯州农学院、康奈尔大学、俄亥俄州的联邦软质小麦实验室等地进修。他从农艺学家的角度，了解美国小麦品质分析工作，学习硬质小麦品质鉴定技术。1946 年回国。[24]

在 1920—1950 年代，先后进入美国康奈尔大学学习和深造的中国学子还有：过探先于 1915 年获得硕士学位，冯肇传（1895—1943）于 1922 年获得硕士学位，周承钥（1905—1996）于 1932 年获得博士学位，王绶于 1932 年获得硕士学位，卢守耕（1896—1989）于 1933 年获得博士学位，丁巨波（1916—1990）于 1946 年获得硕士学位，俞启葆（1910—1975）于1945年学习与考察，丁振麟（1911—1979）于1945年学习与考察，华兴鼐（1908—1969）于1945—1946年间进修等。

3. 其他留学欧美日的学者

除了上述两处留美人才的主要培养基地之外，据不完全统计，其他留学美国的中国学者，还有：

杨允奎，四川省安岳县人。1921年考入清华学堂留美预备部学习，1928年获得庚款留学名额资助进入美国俄亥俄州立大学，攻读作物遗传育种专业，1932年获得博士学位。[25]

黄昌贤（1910—1994）于1938年在密执安州（现多译为"密歇根州"）立大学攻读博士学位期间，应用植物激素在世界上首次成功培育出无籽西瓜，曾被美国科学促进会列为当年世界生物学成就之一。1940年，他获得博士学位。[26]

陆星垣（1905—1991），江苏省江阴县人。1945年作为中华农学会选拔的公费留美生，进入依阿华州立农工学院研究生院攻读遗传育种专业，于1949年获得博士学位。[27]

谈家桢利用在美国作学术访问研究之便，为徐道觉（1917—2003）争取到1948年赴美国得克萨斯大学帕特森（J. Patterson）实验室深造的机会，徐于1951年获得博士学位。[28]

此外，在美国明尼苏达大学，金善宝于1932年获得硕士学位，吴绍骙于1950年获得博士学位，徐冠仁（1914—2004）于1950年获得博士学位。在伊利诺州立大学，刘后利（1916—2011）于1948年获得博士学位，马育华（1912—1996）于1950年获得博士学位。在密西根大学，刘祖洞（1917—1998）于1952年获得博士学位。在印第安纳大学，赵保国（1918—1987）于1954年获得博士学位。在威斯康辛大学，郑国锠（1914—2012）于1950年获得博士学位，杨守仁（1912—2005）于1951年获得博士学位。在华盛顿大学（圣路易斯），薛社普（1917—2017）于1951年获得博士学位，等等。

相比于留学美国，留学西欧和日本的学者人数就少得多，选择的国家、学校和专业也大多比较分散。

在英国，吴仲贤（1911—2007）就读于爱丁堡大学，学习数量遗传学，于 1937 年获得博士学位。就读剑桥大学学习作物遗传育种的中国学者中，靳自重于 1939 年获得硕士学位，奚元龄（1912—1988）于 1950 年获得博士学位。就读于伦敦大学学习研究人类遗传学的方宗熙（1912—1985），于 1950 年获得博士学位。卢浩然在属于英联邦的印度孟买大学，主要从事黄麻、水稻的遗传育种研究，于 1946 获得博士学位。

在法国，朱洗（1900—1962）就读于蒙彼利埃大学，从事动物受精发育研究，于 1931 年获得博士学位。陈士怡（1912—1994）在巴黎大学从事酵母遗传学的实验研究，于 1950 年获得博士学位。何定杰于 1923—1926 年留学于巴黎大学，毕业后曾被聘为该校实验生物学讲座助理。童第周（1902—1979）在比利时布鲁塞尔大学从事实验胚胎学研究，于 1934 年获得博士学位。

留学日本的中国学者，有顾复、丁颖、周拾禄、杨邦杰（1891—1971）、管相恒、祖德明（1905—1984）、蒋同庆（1908—1988）、夏振铎、于景让、潘锡九和王仲彦等，其选择的大学和专业都相对集中。留学东京大学研习水稻遗传育种的学者有顾复、丁颖、祖德明、管相恒和于景让 5 人，其中管相恒和于景让的导师是木原均（Hitoshi Kihara，1893—1986）；留学九州大学研究家蚕遗传育种的，有杨邦杰、蒋同庆和夏振铎等 3 人，其中杨邦杰和蒋同庆的导师是田中义麿（Tanaka Yoshimaro，1884—1972）。如果从获得的学位方面来看：获博士学位的，仅有于景让 1 人；获硕士学位的，也只有管相恒和夏振铎 2 人。

1949 年之前留学欧美的中国遗传学家，学成回国后，在遗传学教学、实验研究和遗传育种的实践等不同领域，都开始了各自的艰辛探索，从而为中国遗传学的创立与早期发展，奠定了一个坚实的基础。

注释：

[1] 2021 年 4 月至 2022 年 9 月，笔者通过电话和微信多次访谈了陈桢之外孙李柏青和李凌霄先生，并从他们提供的印有哥伦比亚大学公章及副校长签名的 "陈桢 1920—1921 学年和 1921—1922 学年在研究生院就读的正式学业记录" 影印件中摘录.

[2] 冯永康.陈桢与中国遗传学[J].科学,2000(5):38.

[3] 葛明德,尚克刚,李汝祺[M]//卢嘉锡.中国现代科学家传记(第四集).北京:科学出版社,1993:434-436.

[4] 上海海洋大学纪念朱元鼎、侯朝海、陈子英诞辰120周年.http://www.shou.edu.cn/2016/0928/c159a196057/page.htm.2016-09-28.

[5] 蒋功成.文化解释的生物学还原与整合——评《潘光旦文集》中的人文生物学和新人文思想[J].社会学研究,2007(6):1-6.

[6] 刘笑春.卢惠霖[M]//谈家桢.中国现代生物学家传(第一卷).长沙:湖南科学技术出版社,1985:165-168.

[7] 赵功民.谈家桢传[M]//谈家桢.谈家桢文选.浙江科学技术出版社,1992:2-7.

[8] 张文静.第二届"科学精神与中国精神"诗歌大赛获奖作品揭晓.科学网 www.sciencenet.cn,2018/1/3 16:32.

[9] 摩尔根,美国遗传学家.他在所创建的果蝇实验室中,因发现染色体在遗传方面的功能,获得遗传学领域中第一个诺贝尔生理学或医学奖.1920—1930年代,中国遗传学的开拓者陈桢、李汝祺、陈子英、卢惠霖、谈家桢等以及中国社会学家和优生学家潘光旦,都曾先后受教于摩尔根果蝇实验室.

[10] 刘应伯,薛开先,李康,等.深情怀念恩师余先觉教授[J].武汉大学学报,1994(5):127-128.

[11] 青宁生.微生物遗传学家盛祖嘉[J].微生物学报,2017(4):621-622.

[12] 胡以平.著名细胞生物学家施履吉[J].遗传,2010(7):647-649.

[13] 闫长禄.中国植物多倍体遗传育种创始人——记1979年全国劳模、中国科学院院士鲍文奎[J].工会博览,2019(33).

[14] 沈善炯,述,熊卫民,整理.沈善炯自述[M].湖南教育出版社,2009:45-53.

[15] 柯象寅.赵连芳[M]//中国农业百科全书·农作物卷.北京:中国农业出版社,1991:805.

[16] 卢良恕.在"沈宗瀚先生农业学术研讨会"上的主题报告[J].中国农学通报,1991(6):3-4.

[17] 李竞雄.李先闻[M]//中国农业百科全书·农作物卷.北京:中国农业出版社,1991:310.

[18] 邓煜生,黄滋康.中国科学技术专家传略 农学编 作物卷一[M].中国科学技术出版社,1993:83-93.

[19] 杨延霞.戴松恩:献身祖国大农业[J].今日科苑,2017(9):56-61.

[20] 青宁生.我国真菌学的开山大师——戴芳澜[J].微生物学报,2006(2).

[21] 叶笃庄.一代遗传学宗师李景均何故去国[J].炎黄春秋,1997(7):37.

[22] 常州市档案馆.小麦人生——蔡旭纪念文集[M].北京:中国农业大学出版社,2018:24.

[23] 冯永康.躬身玉米田园的遗传学家李竞雄[J].生物学通报,2019(10):58-59.

[24] 林琳,刘贞,李春华.才智机遇勤勉 巧铸博识人生——记著名小麦遗传育种学家、中国工程院院士庄巧生[J].农产品市场周刊,2005(27):13-14.

[25] 李实蕡.关于杨允奎学术思想的初步探讨[M]//纪念杨允奎教授诞辰九十周年文集.成都科学技术大学出版社,1994:22.

[26] 赵慧芝.著名园艺学家黄昌贤教授及其成就[J].中国科技史杂志,1990(1):
　　　 65-66.

[27] 本刊编辑部.陆星垣教授生平[J].蚕桑通报,1991(2):1-2.

[28] 冯永康.不断探索、不停奋斗的遗传学家徐道觉[J].生物学通报.2017(10):
　　　 56-57.

第三章 中国遗传学研究
人才的早期培养

从 20 世纪 20 年代起，随着孟德尔遗传学说的进一步传播，早期留学欧美的中国遗传学家，胸怀"科教救国"的重任，以培养遗传学的研究人才、普及遗传学知识为主要目标，开始在国内的大学、中学里陆续开展遗传学的教学。

1. 遗传学教学在国内大学的早期开展

中国遗传学的教学最先开课于东南大学。到 20 世纪 30 年代，清华大学、北京大学、北京师范大学、国立中央大学、四川大学、武汉大学、浙江大学、中山大学等国立大学，燕京大学、金陵大学等教会大学，以及其他一些公立、私立大学，也陆续由中国学者开设遗传学专业或遗传学课程。

（1）陈桢开创国人执教遗传学课程之先河

1921 年，在中国现代生物学的开山宗师秉志和胡先骕（1894—1968）的大力倡导、积极提议并具体谋划下，刚刚由南京高等师范学校扩升并改名而成的东南大学，其农业专修科内诞生了国立大学中的第一个生物学系。

1922 年 8 月，陈桢留美回国后，应国立东南大学校长郭秉文之聘担任生物系教授。在这里，陈桢率先担当起开设现代遗传学课程的重任。[1]

在东南大学，陈桢确定使用导师摩尔根于 1915 年出版的《孟德尔遗传机制》和于 1919 年发表的《遗传的物理基础》等论著，作为讲授遗传学的基本教材。同时，他还将国外学者巴布考克和克劳森合编的《遗传学与农业文化的关系》（因当时的东南大学生物学系还是农业专修科的一部分）一书，作为选学教材。

1925 年夏，因东南大学欠薪二年，陈桢受当时清华大学生物学系主任、植物学家钱崇澍（1883—1965）之邀请，北上清华大学任教。翌年，由于清华大学不能提供金鱼遗传实验的条件，陈桢又再次回到东南大学任教，并担任动物学系主任（此时东南大学的生物学分设成植物学系和动物学系）。同时，他还兼任中华文化教育基金会专聘的科学教授。[2]

1927 年 9 月，因国民党领导的北伐军打到南京后，接收了东南大学，遣散了全体教职员，陈桢便由中华教育文化基金会调往北京，担任北京师范大学的生物学教授，并在该校生物学系讲授遗传学等课程。[3]

1928 年 8 月，北伐军又打到了北京，北京师范大学被接收，全体教职员被遣散，陈桢应刚由东南大学改名的国立中央大学之聘任，再次南下担任生物学教授。陈桢在从北京师范大学转战到国立中央大学的前夕，曾专门给导师摩尔根去过一封信，请他推荐一名中国的留学生到北京师范大学任教遗传学课程。摩尔根随即推荐了还在美国学习的卢惠霖。但是，卢惠霖当时已身患严重的肺结核疾病，还在住院治疗，因而未能赴任。[4]

1928 年底，清华大学校长罗家伦以建筑生物学馆之承诺，邀请陈桢再到清华任教。翌年 2 月，陈桢第三次北上来到清华大学生物学系，担任动物学教授并兼任系主任。[5]从 1929 年到 1952 年，陈桢在清华园长达 20 多年的科学和教育生涯中，以其高尚的品格、渊博的学识和出众的才华，领导并发展了清华大学年轻的生物学系（图 2.3.1）。

面对当时国内高等学校的实验生物学教学和研究十分落后的情况，陈桢展现出他的远见卓识和雄才大略，他以清华大学于 1931 年 5 月落成的生物学馆为基地，把发展实验科学作为办系的总方针。他把实验生物学作为在清华办学的总方向，引领着全系的生物学教学和科研，都围

图 2.3.1 清华生物学系师生在生物学馆破土典礼上的合影（1929）

（前排左起：2 李继侗、3 陈桢、4 吴蕴珍、5 寿振黄、6 秦素英；后排左起：1 王绶基、2 余光蓉、4 娄成后、5 沈克敦、6 陈善铭、7 杜增瑞、8 王启无、9 薛芬、10 戈定邦、11 陈封怀）

绕着这一中心进行。在经费极为有限的情况下，陈桢迅速建立起简陋的渔场饲养金鱼，率先开设起遗传学等实验课。

在清华生物学系当时设置的多门生物学课程中，陈桢亲自主讲了普通生物学、普通动物学、系统动物学、无脊椎动物学、组织学、动物生理学、遗传学、细胞学、生物学史等多门课程。在遗传学教学中，他重点讲授了孟德尔遗传定律、遗传的数学基础、性别决定的遗传理论，以及突变理论等基本的遗传学内容。

陈桢的生物学教学，不仅以"精而不多"授课方式，也以简明扼要、条理清楚、重点突出、系统明确和游刃有余的讲课风范，深受多届学生的欢迎。他待人和蔼可亲，对待学生尤能做到循循善诱。

陈桢还特别注重结合自己的金鱼遗传学实验研究，向学生传授现代遗传学的思想、方法和实验技术。他在和各个年级的学生一起讨论金鱼的遗传时，总是会热衷于告诉学生，这个性状是显性，那个性状是隐性。仅从这一点就可以看出，陈桢对自己所从事的遗传学教学和实验研究的专注与热爱。[6]

经过多年创造性的工作，到 20 世纪 30 年代，陈桢领导的清华大学生物学系已经被国外不少学者认为是在当时中国的高等学校中，讲授遗传学最为系统的一个生物学系。美国洛克菲勒基金会通过中华医学会，曾对清华大学生物学系提供了重要的资助。美国学者、中华医学基金会（China Medical Board）顾问狄斯代尔（W. E. Tistale），在 1933 年的《中国科研机构访问记》中也专门写道："就其发展的潜力而言，清华大学的生物学系是目前我在中国高等学校中所能见到的最强的一个系。"[7]

（2）李汝祺首开由国人执教的遗传学专业

1926 年，李汝祺回国后，首先任教于复旦大学新成立的生物学系。翌年，因北伐军占领上海，复旦大学发生学潮，他离开复旦应聘到燕京大学生物学系任教。

当时，在燕京大学担任生物系主任的是摩尔根的早期弟子波琳，担任动物学教学的有胡经甫（1922 年获美国康奈尔大学博士学位的中国昆虫学开拓者），而李汝祺则是该校唯一从事遗传学教学和研究的教授（图 2.3.2）。

图 2.3.2　李汝祺在燕京大学

（左起：1 胡经甫、4 江先群、5 李汝祺）

在燕京大学生物学系，李汝祺自己编写教材，把遗传学、胚胎学与细胞学等学科紧密结合起来，开展发生遗传学的教学和研究。他把摩尔根的细胞遗传学理论和研究方法，系统地传授给学生。他继承和发扬了摩尔根"教而不包"的教学思想，以其渊博的学识和诲人不倦的治学精神，在日后的教学实践中逐渐形成了自己独特的风格。

李汝祺认为，当我们想到"教学相长"时，多少会偏重"教"，但若没有不断学习的热诚，是教不好书的。"学"与"教"是对立统一的两个方面，在任何时期，任何事物上的"学"比"教"更为重要。所以作为一个教师，首先要向老师学习，其次向同辈学习，而更加重要的是向他所教的对象学习。他在指导学生进行课题研究时，只对一些基本问题加以讲述，而由学生自己制订整个实验计划以及查阅有关文献资料，并要求学生定期汇报工作进展。遇到难以解决的问题，他也总是与学生一起研讨。李汝祺以这种教学方法，先后培养出了刘承钊、谈家桢等一大批现代生物学研究领域特别是遗传学研究领域的杰出人才。[8]

（3）李先闻的植物细胞遗传学教学

李先闻从美国获得博士学位后回国，面对当时国内的动荡局势与权力倾轧的现状，以及学界因派系与内讧导致的种种人事纷争，他先后辗转于国立中央大学农学院、东北大学、清华大学、北京大学农学院、河南大学农学院、武汉大学农学院等高等学校，为谋取一份执教和研究植物细胞遗传学的职位，而极为艰辛地南北奔波。

从 1929 年到 1949 年，在 20 余年的遗传学教学与研究生涯中，李先闻以其学术渊博、态度严肃、治学严谨而著称。他常常以"但问耕耘、不问收获"之心，努力尽一个学人的务实本分。在繁忙的遗传学教学与烦琐的行政事务中，李先闻只要稍微能够挤出一点点时间，就要到简陋的实验室里，指导助手和学生进行遗传学理论与粟类等作物的遗传育种研究。

李先闻素有吃苦耐劳的作风，也要求他的助手和学生们亲自动手。他从导师埃默森那里学到"手脑并用"之优良作风，又以言传身教的方式，要求他的弟子们同样去践行。他注重遗传学实验观察和遗传育种的具体实践，培养出了李竞雄、鲍文奎等踏实做遗传学研究的人才。[9]

（4）谈家桢开设国立大学中的第一个遗传学专业

1932 年，谈家桢在燕京大学获得硕士学位后，便回到母校东吴大学生物学系担任讲师，讲授普通生物学、遗传学、胚胎学、优生学等课程。为了使每堂课都有新意，他投入很多精力和时间，一方面查阅大量的文献资料，另一方面结合异色瓢虫鞘翅色斑遗传变异的研究，设计并制作了孟德尔遗传定律示意图和杂交、回交、色斑变异示意图，把复杂的遗传理论以实物和图表进行简要表达。这种直观、明朗的教学方式，使学生能一目了然，从而达到显著的教学效果。

1937 年，谈家桢获得博士学位回国后，在浙江大学校长竺可桢（1890—1974）的邀聘下，来到该校生物学系任教，开设起国立大学中的第一个遗传学专业。从这个时候起，不管是在因为抗日战争的全面爆发，浙江大学被迫西迁的动荡年月中，还是在经费极为短缺、生活和工作条件都异常艰苦的日子里，谈家桢都始终秉持着发展中国遗传学事业的坚定信念，克服重重困难，专心致力于现代遗传学知识的普及教育和遗传学研究人才的精心培养。

谈家桢同样继承和发扬了摩尔根"教而不包"的教学方法，在对学生的培养上，坚持把"三基（即基础知识、基础理论和基本实验技术）教育"放在第一位。这一教学方法贯穿于他一生的教学生涯中。在遗传学教学中，他因条理分明、逻辑性强、重点突出、富有启发性等教学特点和风格，而深受学生的欢迎。谈家桢还注重通过遗传学实验的专题研究来培养学生，注意结合遗传学研究的成果，从科学发展的新观点、新思想的高度，指导学生探讨遗传学问题。他热忱尊重学生、爱护学生，引领他们独立思考、自由发展，培养学生独立地、创造性地进行遗传学研究的能力。在他培养的第一代研究生中，就有闻名国内外的人类细胞遗传学家徐道觉、微生物遗传学家盛祖嘉、细胞生物学家施履吉和进化遗传学家刘祖洞等。[10]

（5）李景均的群体遗传学教学

李景均于 1942 年回国后，应聘到广西大学农学院讲授微积分、遗传学和细胞学课程，并在这里认识了徐道觉和刘祖洞。1943 年夏，他回到抗战时已迁至成都的母校——南京金陵大学农学院任教，讲授遗传学、生物统计学等课程。

1946 年，李景均应时任北京农业大学农学院院长俞大绂（1901—1993）之邀聘，前往北京大学农学院任教。在北京大学，他担任该农学院农学系系主任（是当时北京大学最年轻的系主任），并兼任农业试验场场长。李景均以其出众的才华、实事求是的科学态度和严格、认真、细致的教学风范，主讲遗传学、田间设计和生物统计等三门课程，最先在我国开始了群体遗传学的教学与研究。[11]

（6）国内其他大学的遗传学教学概貌

从 1930 年代起，国内的很多高等学校都开始重视开设遗传学的课程，或者在普通生物学课程中，专章讲述现代遗传学的基本理论。

除前述学者在所执教的高等学校系统讲授遗传学课程以外，抗日战争前后在各大学生物学系或农学院（系）中执教遗传学的还有：

冯肇传在南通大学（1920 年代）和浙江大学农学院（1930 年代初期），赵连芳在金陵大学、河南大学、国立中央大学农学院（1928—1936年），冯泽芳在国立中央大学农学院（1933 年后），蔡旭在国立中央大学农学院（1934 年），周承钥在国立中央大学农学院（1949 年之前），杨允奎在四川大学农学院（1935 年起），蒋同庆在中山大学、云南大学（1938年起），管相桓（1909—1966）在华西大学农艺系，靳自重在金陵大学农艺系，裴新澍（1915—2000）在国立中央大学、福州协和大学农学院（1941 年起），周太玄在四川大学（1946 年），等等，都相继开设起了遗传学课程。[12]这些学者在遗传学教学中，都能强调因材施教，注意学生知识结构的合理配置，紧密结合遗传育种的实验研究，向学生讲授细胞遗传学的基本理论。

这样，以孟德尔—摩尔根学说为代表的现代遗传学，逐渐成为国人学习和研究生物学、农学和医学所必须了解的基本理论和基础知识。

2. 中国学者使用和编写遗传学教材的情况

在国内早期的遗传学教学中，各个高等学校一般都以 E. W. Sinnott, L. C. Dunn 等编写的国际上有名的英文版的遗传学著作 *Principles of*

图 2.3.3 李积新 编辑，胡先骕 校订的《遗传学》（1923）

Genetics 作为重要教材或教学参考书。同时，中国学者也结合自己的教学实际，陆续编写出不同类型的遗传学教材，或者包含有遗传学内容的生物学教材。

最早由中国学者自己编写的遗传学教科书，可能是 1923 年商务印书馆出版的，由李积新编辑、胡先骕（1894—1968）校订的《遗传学》[13]（图 2.3.3）。

该书对孟德尔遗传学说作了较系统的讲述，"网络"了当时"最新学术详论生物遗传之理及其次序，以便改良畜种者得按此而进行"。在书的首页印有孟德尔的照片，并对孟德尔的生平作了简要介绍。全书共分 10 章，章末为附说，介绍了植物人工杂交方法，配图 42 幅，列举参考文献及重要杂志 9 种。

1924 年，陈桢根据在东南大学普通生物学讲习班上的两次讲授稿《生物学讲义》，经过数次修改以后，作为大学教科书由商务印书馆出版，名为《普通生物学》。[14]这是国内第一本由中国生物学家编写的、包含了当时全部生物学内容在内的中文版教科书。

这本颇具中国本土特色的教科书中，有关进化和遗传的内容占了整个篇幅的 28%，其中第六章系统地讲述了孟德尔的遗传规律及遗传的物质基础、基因的线性排列、摩尔根的连锁互换规律等遗传学理论。该章最后还附有遗传学参考文献 11 篇，并提到多本著名的遗传学专著。

随着陈桢在东南大学率先开设起遗传学课程，遗传学知识也逐渐被纳入其他一些大学的生物学教科书中。例如，邹秉文、胡先骕、钱崇澍等学者于 1923 年合著了中国第一本大学植物学教科书《高等植物学》。[15]该教科书中就专门讲述了孟德尔的遗传定律。与此同时，由郑作新编著的供大学使用的《生物学实验指导》一书中，还将验证孟德尔定律的遗传学实验作为基本内容而写入。

到了 1930—1940 年代，在国内各个高等学校中使用最多的遗传学教材，是由 E. W. Sinnott, L. C. Dunn 等编写的 *Principle of Genetics*。1947 年，周承钥和姚钟秀基于抗日战争期间的购书困境和初学者的阅读困难，将 *Principle of Genetics* 的 1939 年版本翻译成中文版的《遗传学原理》，由商务印书馆出版发行。[16]这是一本取材普遍、编制周详，为国内外各大学多采用的教科书，更是遗传学中孟德尔—摩尔根学派最具有代表性的遗传学教科书。

1948 年，担任北京大学农学院教授的李景均利用教学之余，综合当时国外群体遗传学研究成就，以"一半来自自己的脑子，一半基于在成都时抄写的文章"，仅仅用两年时间就编写出了英文版的 *As Introduction To Population Genetics*（《群体遗传学导论》）（图 2.3.4），并由北京大学出版社出版。该本专著的出版，奠定了李景均在国内外遗传学界中的学术地位。后来该书经过修订改名为《群体遗传学》，并以英文再版（University of Chicago Press，1955）。

在这本教科书中，李景均以全面、简洁、深入浅出的文笔和令人惊叹的教学编排技巧，第一次通俗并系统地介绍了科学巨匠费希尔（R. A. Fisher，1890—1962）、霍尔丹（J. B. S. Haldane，1892—1964）和赖特等人，用高深数学表述的群体遗传学的基本原理和研究方法。该书被学术界认为是"群体遗传学领域中的经典性著作，应为所有希望熟悉群体遗传学概念的人们拥有和学习"。它使世界上整整一代遗传学家都从该书中获得教益。[17]

在这期间，我国学者自己编写的有关遗传学的教材还有：潘锡九的《人类遗传学》、沈煜清的《遗传学》、黄庚祥的《遗传学》、郝钦铭的《遗传学》、蒋同庆的《家蚕遗传学》等。[18]

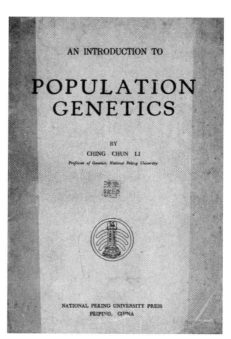

图 2.3.4　李景均编写的英文版的《群体遗传学导论》（1948）

3. 国内中学的遗传学教学

从 1920 年代开始，孟德尔—摩尔根的遗传学理论作为现代生物学中重要的基础知识，不仅在国内高等学校的有关科系中，向青年学子进行广泛讲授和传播，而且在高级中学的生物学教学中，也开始有了孟德尔—摩尔根遗传学基础知识的介绍。这包括：陈桢于 1933 年编写、出版了得到广泛使用的《复兴高级中学教科书·生物学》；卢惠霖于 1930 年代先后在湖南岳阳湖滨高级农业学校和长沙雅礼中学担任生物学教师；谈家桢在 1930 年代初期在东吴大学附属中学兼任生物学代课教师；盛祖嘉于 1940 年曾在贵州省遵义县立中学任教；等等。

在 1920—1930 年代期间，不少学者都把孟德尔的杂交实验及科学

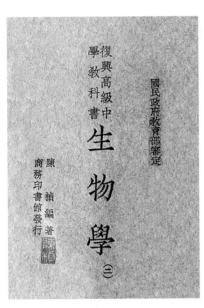

图 2.3.5　陈桢编写的《复兴高级中学教科书·生物学》（1933）

成就作为主要的内容编写进不同版本的高级中学生物学教科书中。如：王守诚编著的作为新学制的高级中学教科书的《公民生物学》，王其澍编著的《近世生物学》，陈兼善编著的《新中华生物学》，吴元涤编写的《生物学》《吴氏高中生物学》等，都有孟德尔遗传学说的专门介绍。[19]

在这里，特别应该重点谈到的是，1920—1930 年代，我国的高级中学刚刚开设生物学课程，缺乏合适的教材之时，陈桢利用收集到的大量适合中国国情的资料，在 1924 年编著的大学教科书《普通生物学》的基础上，于 1933 年修改编写出版的《复兴高级中学教科书·生物学》（图 2.3.5）一书。[20]

该教科书的内容十分丰富，章节编排合理，文笔流畅，图文并茂，很适合高中学生自学阅读。陈桢在该教科书编写中，尽量采用中国本土的资料和实验材料，而不一味照搬外国的模式。例如，他选用中国的环毛蚯蚓来讲述环节动物；引证金鱼起源于鲫鱼、金鱼众多品种的形成等证据，来讲述遗传学和演化论。在这本教科书中，陈桢简明而又深刻地表述了染色体、细胞分裂和孟德尔遗传定律等现代遗传学的基础知识，

对性别决定的基因平衡理论、性逆转等遗传学的新进展，也能及时地给予深入浅出的简要介绍。该教科书中，讲述有关生殖、遗传与演化等的内容，占了全书八篇三十七章中的三篇共二十章，其篇幅超过全书的30%。这本堪称典范的中学生物学教科书，在以后的20余年间，经过少许的修订，总共印刷发行了181版。它不仅在国内的高级中学中被普遍使用到1950年代初期，而且还流行于东南亚一带的很多华侨学校，受到当时科学教育界的普遍欢迎。

简要追述中国生物学（包括遗传学）的现代教育之发展历程，我们还可清楚地发现，陈桢于1933年编写的《复兴高级中学教科书·生物学》，在提高我国中学生物教学的质量和培养我国生物学人才等方面，曾经产生过极为重要的影响。今天中国生物学界的许多著名学者，如吴旻、李璞（1928—2014）、薛攀皋、吴鹤龄（1929— ）、庚镇城（1932— ）、高翼之等，在接受笔者的访谈时，都曾多次谈到当年他们都是受到了这本教科书的熏陶与启迪，由此走上了毕生致力于生物学和遗传学教育与研究的科学人生。

注释：

［1］冯永康.陈桢与中国遗传学［J］.科学（上海），2000（5）：38-41.

［2］陈桢自传（手书）.李柏青（陈桢之外孙）2021年5月提供.

［3］同［2］.

［4］1998年8月10—15日，冯永康在北京参加第18届国际遗传学大会期间访谈李璞先生的谈话资料.

［5］同［2］.

［6］徐丁丁.国立清华大学生物学系发展史［M］.北京：中国科学技术出版社，2021：150.

［7］同［6］，第5页.

［8］2011年7月笔者专程访谈北京大学吴鹤龄先生.

［9］冯永康.李先闻［J］.遗传，2009（4）：337-338.

［10］赵功民.智者魅力学界楷模——遗传学家谈家桢［J］.自然辩证法通讯，1998（6）：60-72

［11］叶笃庄.一代遗传学宗师李景均何故去国［J］.炎黄春秋，1997.

［12］冯永康.20世纪上半叶的中国遗传学［M］//谈家桢，赵功民.中国遗传学史.上海：上海科技教育出版社，2002：26.

［13］李积新.遗传学［M］.上海：商务印书馆，1923.

［14］陈桢.普通生物学［M］.上海：商务印书馆，1924.

［15］邹秉文，胡先骕，钱崇澍，等.高等植物学［M］.上海：商务印书馆，1923.

［16］［美］E. W. Sinnott & L. C. Dunn.遗传学原理［M］.周承钥，姚钟秀，译.上海：
商务印书馆，1947.

［17］高翼之.国际遗传学大师李景均［J］.生命世界，2005（11）：78.

［18］郭学聪.孟德尔学说在中国的传播［M］//中国遗传学会.孟德尔逝世一百周年
纪念文集.北京：科学出版社，1985：15.

［19］付雷.中国近代中学生物学教科书研究［M］.南宁：广西科学技术出版社，
2021：203-222.

［20］陈桢.复兴高级中学教科书·生物学［M］.上海：商务印书馆，1933.

第四章 中国遗传学家的
早期实验研究

20世纪20年代初期，随着以孟德尔学说为代表的现代遗传学在中国的广泛传播和遗传学研究人才的逐步培养，从欧美学成回国的陈桢、李汝祺、李先闻、谈家桢等中国老一辈遗传学家，面对当时国难当头的困苦环境，在部分高等学校以及一些生物学研究机构中，分别选用不同的实验材料，逐步地开展起遗传学理论的实验研究工作。他们的艰辛劳作，为丰富和发展孟德尔—摩尔根的遗传理论，做出了中国人独特的一份科学贡献。

1. 陈桢的金鱼变异、遗传与演化的实验研究

陈桢是我国最早从事遗传学实验研究的科学家。从1923年起，他便根据孟德尔的遗传理论，结合中国实际，经过长期探索，开拓了一条独特的、具有创新意义的中国遗传学研究之路——金鱼遗传学研究。

从摩尔根的果蝇遗传学实验研究得到启发，陈桢清楚地认识到，研究能否出成果，与实验材料的选择有很大关系。经过认真考虑、细致观察和大量调查后，他认为，选择中国特产的金鱼作为遗传和变异的研究材料具有突出的三个优点：①金鱼是各种生物中变异最多的一种动物，人工饲养的金鱼品种繁多，在外部性状上有许多明显可区分的变异；

②虽然金鱼每年只繁殖一次，但产卵量大，便于进行数理统计和分析；

③金鱼是体外受精的动物，容易进行杂交和人工控制。

陈桢在广泛查阅和收集古籍中有关金鱼变异的历史资料、大量调查和观察南京等地金鱼玩赏家们多年来收集的稀有品种标本的基础上，靠着极其简陋的设备，开始了长达30多年的金鱼的变异和遗传、起源和演化方面的系统研究。

陈桢通过在不同品种的金鱼之间以及饲养金鱼与野生鲫鱼之间进行的一系列杂交实验，对金鱼和鲫鱼的外形变异进行了细致的观察、缜密的测量统计和全面的比较分析。他重点研究了金鱼鳍的各种形状、金鱼鳞的透明和五花、金鱼体色的蓝色和棕色等性状的遗传。他也对数种反常环境对金鱼胚胎发育的影响、金鱼的起源和演变历史等问题进行了实验探索。

在实验设计上，陈桢借鉴了欧美遗传学者进行实验研究的多种途径，提出了以杂交实验、实验胚胎学、细胞学分析和统计学研究相结合的联合研究法，探索脊椎动物性状的遗传规律、变异产生的机制，以及控制变异的途径。他非常重视实验条件的安排与管理，严格控制实验过程，对实验结果的分析力求严密，不放过任何一个"意外"的现象。他特别强调统计学方法的应用，认为这是排除偶然、揭露必然的不可或缺的研究手段。也正因为如此，陈桢获得的金鱼实验研究结果，以其客观、准确，无可置疑而令国内外学术界所信服。[1]

从1925年起，陈桢克服种种困难，在东南大学和清华大学的金鱼试验场，迎来了中国遗传学的第一缕曙光。他先后在《科学》、Genetics 等国内外著名的学术期刊上，发表了10多篇有关金鱼的遗传和变异、起源和演化等的重要研究论文。

1925年，陈桢将根据金鱼变异和遗传的初步研究结果，撰写成的首篇研究论文 "Variation in External, Characters of Goldfish"（中文名：金鱼外形的变异），发表在英文版的《Contribution from the Biological Laboratory of the Science Society of China》（《中国科学社生物研究所论文丛刊》）第1期上。论文就金鱼体形、体长、体高、鳍、头形、鳃盖、眼、鳞片、体色等的各种变异作了记录，并用进化观点论证了金鱼起源于野生鲫鱼（Carassius auratus）。论文提出在由野生鲫鱼演变成金鱼各个品种过程中，杂交和选择起了重要作用；而金鱼的残缺背鳍、无臀鳍、双臀鳍、龙睛等性状，则可能来源于突变。该篇研究论文不仅记述了大量观察到的事实，也查阅并引证了 30 多篇文献史料，第一次论证了中国特有的金鱼是从野生鲫鱼经过家化形成，世界各地的金鱼都是从我国输出的。该论文被誉为国际上鱼类变异与遗传研究的经典文献，是中国遗传学家最早的具有创新意义的研究成果。

同一年，陈桢在《科学》杂志发表的《金鱼的变异与天演》一文中写道："现代遗传学者以为，凡是因为种细胞里的遗传的物质基本有了新改变，因而发生身体上的新变异，不论是小变异或是大变异，都可以叫做突变。"[2]这也是陈桢第一次用德弗里斯的新式"突变论"之学说，来解释金鱼一切变异的形成原因。

1928 年，陈桢用英文发表了"*Transparency and Motling, a Case of Mendelian Inheritance in the Goldfish Carassius Auratus*"（中文名：透明和五花，金鱼中的第一例孟德尔式遗传）之研究论文（图 2.4.1）。这是国际上第一次证明孟德尔定律也适用于鱼类的实例。[3]陈桢在对金鱼体色的遗传现象的细心观察中，不仅对杂交实验数据进行了记录和统计，还做了配图的描述与透彻的分析，证明了透明鳞决定于纯合的突变基因型（TT），正常鳞决定于纯合的隐性基因型（tt），而五花鱼则决定于杂合的基因型（Tt）。

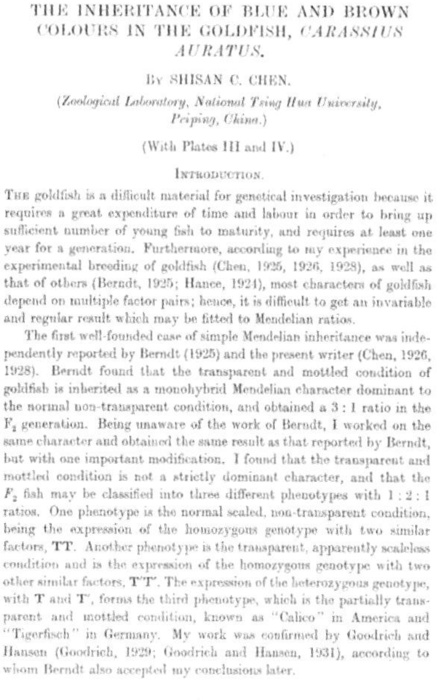

THE INHERITANCE OF BLUE AND BROWN COLOURS IN THE GOLDFISH, *CARASSIUS AURATUS*.

BY SHISAN C. CHEN.

(*Zoological Laboratory, National Tsing Hua University, Peiping, China.*)

(With Plates III and IV.)

INTRODUCTION.

THE goldfish is a difficult material for genetical investigation because it requires a great expenditure of time and labour in order to bring up sufficient number of young fish to maturity, and requires at least one year for a generation. Furthermore, according to my experience in the experimental breeding of goldfish (Chen, 1925, 1926, 1928), as well as that of others (Berndt, 1925; Hance, 1924), most characters of goldfish depend on multiple factor pairs; hence, it is difficult to get an invariable and regular result which may be fitted to Mendelian ratios.

The first well-founded case of simple Mendelian inheritance was independently reported by Berndt (1925) and the present writer (Chen, 1926, 1928). Berndt found that the transparent and mottled condition of goldfish is inherited as a monohybrid Mendelian character dominant to the normal non-transparent condition, and obtained a 3 : 1 ratio in the F_2 generation. Being unaware of the work of Berndt, I worked on the same character and obtained the same result as that reported by Berndt, but with one important modification. I found that the transparent and mottled condition is not a strictly dominant character, and that the F_2 fish may be classified into three different phenotypes with 1 : 2 : 1 ratios. One phenotype is the normal scaled, non-transparent condition, being the expression of the homozygous genotype with two similar factors, **TT**. Another phenotype is the transparent, apparently scaleless condition and is the expression of the homozygous genotype with two other similar factors, **T'T'**. The expression of the heterozygous genotype, with **T** and **T'**, forms the third phenotype, which is the partially transparent and mottled condition, known as "Calico" in America and "Tigerfisch" in Germany. My work was confirmed by Goodrich and Hansen (Goodrich, 1929; Goodrich and Hansen, 1931), according to whom Berndt also accepted my conclusions later.

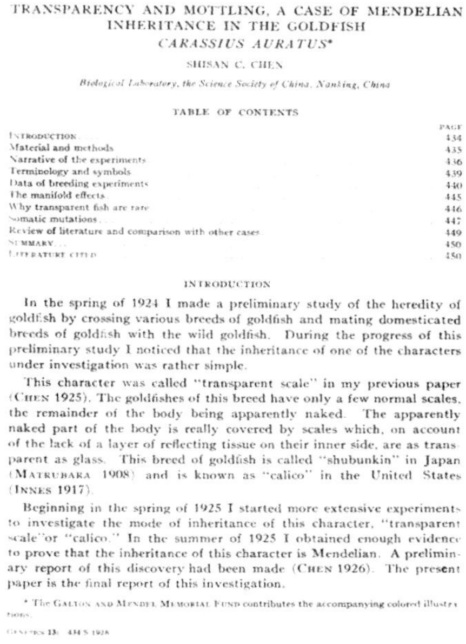

TRANSPARENCY AND MOTTLING, A CASE OF MENDELIAN INHERITANCE IN THE GOLDFISH *CARASSIUS AURATUS**

SHISAN C. CHEN

Biological Laboratory, the Science Society of China, Nanking, China

TABLE OF CONTENTS

INTRODUCTION

In the spring of 1924 I made a preliminary study of the heredity of goldfish by crossing various breeds of goldfish and mating domesticated breeds of goldfish with the wild goldfish. During the progress of this preliminary study I noticed that the inheritance of one of the characters under investigation was rather simple.

This character was called "transparent scale" in my previous paper (CHEN 1925). The goldfishes of this breed have only a few normal scales, the remainder of the body being apparently naked. The apparently naked part of the body is really covered by scales which, on account of the lack of a layer of reflecting tissue on their inner side, are as transparent as glass. This breed of goldfish is called "shubunkin" in Japan (MATRUBARA 1908) and is known as "calico" in the United States (INNES 1917).

Beginning in the spring of 1925 I started more extensive experiments to investigate the mode of inheritance of this character, "transparent scale" or "calico." In the summer of 1925 I obtained enough evidence to prove that the inheritance of this character is Mendelian. A preliminary report of this discovery had been made (CHEN 1926). The present paper is the final report of this investigation.

* The GALTON AND MENDEL MEMORIAL FUND contributes the accompanying colored illustrations.

GENETICS 13: 434 S 1928

图 2.4.1　陈桢在 *Genetics* 上发表的研究论文（左 1934，右 1928）书影

陈桢在该篇论文中写道："纯合的透明(鳞)鱼(鳞片的反光组织几乎消失)和纯合的正常(鳞)鱼(鳞片有反光组织)杂交的子一代,杂种既不表现透明鳞型也不表现正常鳞型,而只产生具有特殊的五花性状的鱼。五花鱼自交的后代中,常常约有 1/4 的透明鱼,一半为五花鱼(与子一代杂种相同),1/4 的正常鱼。在杂合的五花鱼中,透明鳞常常混杂以一些正常鳞。这种杂合类型是两种纯合鱼的'嵌合体'。"[4]对于陈桢提出的"嵌合体"之说,国内后来有学者认为,这与 18 年之后,谈家桢在亚洲异色瓢虫鞘翅色斑的遗传实验研究中,观察到的"嵌镶显性"现象,有其异曲同工之妙。[5]

1934 年,陈桢又在 *Genetics* 杂志上发表了论文 "*The Inheritance of Blue and Brown Colours in the Goldfish, Carassius Auratus*"(中文名:金鱼的蓝色和棕色的遗传),证明了金鱼的蓝色体色是 1 对隐性遗传因子纯合型的表现,而棕色体色是 4 对隐性遗传因子纯合型的表现,首次证实了 1 对遗传因子和 4 对遗传因子的孟德尔式遗传。[6]

陈桢在金鱼遗传学研究上所取得的重要研究成果,极大地震动了国际遗传学界,扫除了当时不少学者对孟德尔遗传定律是否也适用于鱼类的怀疑,证明了孟德尔遗传定律具有普遍的意义。美国和日本学者以后所进行的鱼类遗传学研究,都深受陈桢的影响,故推崇他为国际鱼类遗传学研究的先驱。

1940 年,陈桢被国立中央研究院首届评议会选举聘为第二届评议员,并先后 4 次参加了中央研究院评议会的年会。1948 年 4 月,在国立中央研究院评议会第二届第五次年会上,陈桢以"金鱼之遗传与演化及动物社会行为"等研究,"主持清华生物系"的学术成就,获得 25 票的高票,当选为国立中央研究院的首届院士。[7]同年 8 月,陈桢又当选为北平研究院的学术会议会员(类同于英国皇家学会的会员)。

2. 李汝祺的黑腹果蝇发生遗传学研究

作为在摩尔根实验室第一个获得博士学位的中国学生,李汝祺早年在哥伦比亚大学的"蝇室"中,便以黑腹果蝇(*Drosophila melanogaster*)发生遗传学的出色研究,完成了《果蝇染色体结构畸变在发育上的效应》的博士论文（图 2.4.2）。该项实验研究成果，被 1927 年出版的美国 *Genetics* 杂志第 12 卷第 2 期列为第一篇文章发表。[8]

李汝祺的博士研究论文，主要从实验胚胎学的角度，注意到果蝇成虫芽体的发育与胚胎发育时间表；重点研究了环境因素，如食物、温度等对染色体产生变异（断缺、缺失等）的结果；揭示了发育过程的独立性程度及其对环境因素、遗传因素的不同依赖性，从而建立起基因型和表现型之间的关系。在该篇研究论文发表八年之后，美国学者才开始对黑腹果蝇发育致死胚胎学进行研究。

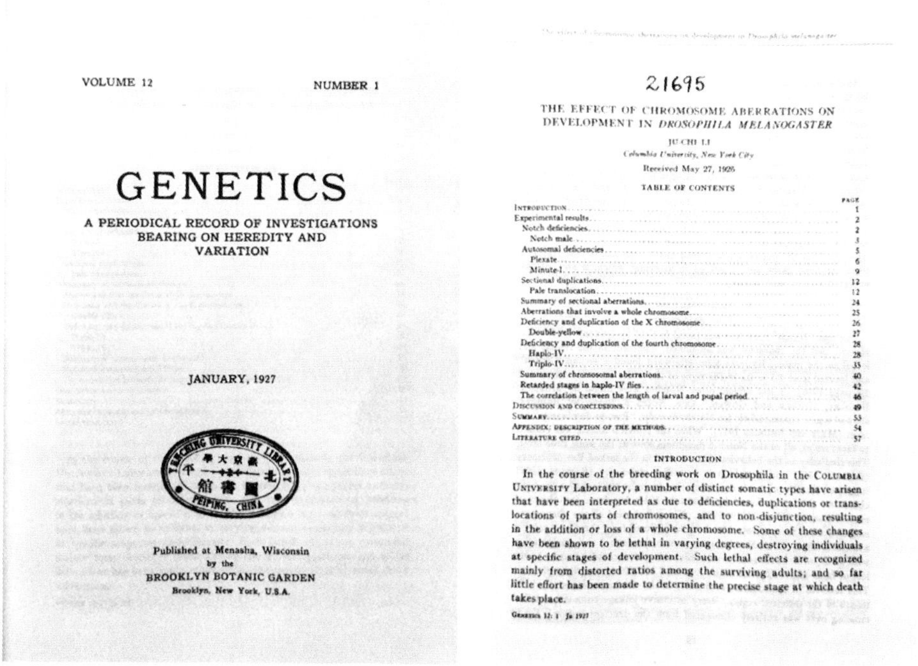

VOLUME 12 NUMBER 1

GENETICS

A PERIODICAL RECORD OF INVESTIGATIONS BEARING ON HEREDITY AND VARIATION

JANUARY, 1927

TEACHING UNIVERSITY LIBRARY 燕京大學 北平 圖書館 PEIPING, CHINA

Published at Menasha, Wisconsin by the BROOKLYN BOTANIC GARDEN Brooklyn, New York, U.S.A.

21695

THE EFFECT OF CHROMOSOME ABERRATIONS ON DEVELOPMENT IN *DROSOPHILA MELANOGASTER*

JU-CHI LI
Columbia University, New York City

Received May 27, 1926

TABLE OF CONTENTS

INTRODUCTION

In the course of the breeding work on Drosophila in the COLUMBIA UNIVERSITY Laboratory, a number of distinct somatic types have arisen that have been interpreted as due to deficiencies, duplications or translocations of parts of chromosomes, and to non-disjunction, resulting in the addition or loss of a whole chromosome. Some of these changes have been shown to be lethal in varying degrees, destroying individuals at specific stages of development. Such lethal effects are recognized mainly from distorted ratios among the surviving adults; and so far little effort has been made to determine the precise stage at which death takes place.

GENETICS 12: 1 Ja 1927

图 2.4.2　李汝祺《果蝇染色体结构畸变在发育上的效应》之论文书影

1926 年，李汝祺回国后，在所任教的大学中创建了细胞遗传学实验室。他以带回的黑腹果蝇和取之于国内的瓢虫、马蛔虫等为实验材料，做了大量的开创性遗传学研究工作，取得不少富有特色的研究成果。他特别注意把胚胎学、细胞学和遗传学结合起来，开辟了发生遗传学研究的新领域。

1920—1940 年代，李汝祺陆续进行了黑腹果蝇、瓢虫基因互作的研究，黑斑蛙和狭口蛙的胚胎发育和变态的研究，还进行了直翅目昆虫精子形成、瓢虫的精子和卵子形成及其性染色体的研究，以及中国马蛔虫染色体的研究，等等。这些早期的实验研究成果，为李汝祺在年逾八旬时，历时四年、五易其稿，融细胞学、胚胎学和遗传学的研究成果于一炉，完成长达 60 万字的大型专著《发生遗传学》（科学出版社，1985年），奠定了坚实的基础。

3. 李先闻的粟类等植物的细胞遗传学研究

从 1930 年代起，李先闻先后在河南大学农学院、武汉大学、四川农业改进所专心致力于麦类、粟（小米）类作物细胞遗传学的系统研究。他与其得力助手李竞雄、鲍文奎、孟及人等一起，在秋水仙素诱变植物多倍体、粟类远缘种间杂交及其演化等方面，做出了许多独创性

图 2.4.3　李先闻在进行粟类作物的杂交工作（1948）

的研究成果（图 2.4.3）。

李先闻等人先后开展了小麦、粟（小米）、玉米等作物有关种属的染色体与性状之间关系的研究，陆续积累了小麦的单体、缺体和多体染色体的材料以及小米与狗尾草有性杂种后代的各种株系等，为农作物的遗传育种提供了大量原始材料。[9]特别是在抗日战争的艰难岁月，李先闻主持四川省农业改进所稻麦试验场，承担着抗战大后方粮食增产的重任，工作异常艰辛与忙碌，但他仍然忘不了进行粟类作物进化理论的探索和作物良种的选育。只要能挤出一点点时间，他就跑到那间只有六七平方米的简陋实验室里，了解助手们发现的新奇遗传现象，或是给他们必要的指点。李先闻师徒多人同力共苦甘，在粟的细胞遗传、多倍体系和进化途径，小麦矮生性的遗传，小麦联会基因消失的作用结果以及秋水仙素诱变植物多倍体等方面，做出了许多具有独创性的研究成果。

仅仅在 1941—1945 年的短短几年间，李先闻、李竞雄和鲍文奎等就主要用英文，撰写了 "*H. W. LI, C. H. LI, and W. K. PAO. Cytological and Genetical Studies of the Interspecific Cross of the Cultivated Foxtall Millet, Setaria Italica（L.）Beauv and the Green Foxtall Millet, S. Viridis L.*"[10]等一系列遗传学研究论文，且大多发表在美国的学术期刊上。这些颇具特色的实验研究，引起了国际遗传学界的高度重视。

由于李先闻在植物细胞遗传学研究方面成绩卓著，1948 年，在南京国民政府中央研究院首届院士大会上，他被北京大学、清华大学和中央研究院共同推荐为院士候选人，以"小麦、小米、玉蜀黍杂种染色体之行动等研究"和"曾主持四川省稻麦改良场"的突出贡献，当选为生物组 25 位院士之一，他也是当时唯一一位从事植物细胞遗传学研究的院士。[11]

4. 谈家桢与亚洲异色瓢虫的嵌镶显性遗传研究

1930 年，谈家桢在李汝祺门下攻读硕士学位时，就开始了对亚洲异色瓢虫鞘翅色斑的变异和遗传问题的系统研究，并逐步地为群体遗传学的研究积累实验数据。1932 年，他的研究论文《异色瓢虫鞘翅色斑的遗传》的核心部分，首次在美国的 *The American Naturalist* 杂志上发表。[12]谈家桢的研究结果，初步表明异色瓢虫鞘翅色斑的变异类型既由遗传基因决定，也受环境条件的影响。

1934 年，谈家桢来到被称为国际遗传学研究中心的果蝇实验室，在导师摩尔根和杜布赞斯基的指导下，进行细胞遗传学理论和实验技术的深造。在"蝇室"里，他利用研究果蝇唾液腺巨大染色体的新技术，先后对两个近缘种果蝇的染色体结构的差别及演变规律进行了开创性的研究，于 1936 年获得博士学位。其间，谈家桢将研究结果撰写成《果蝇常染色体的遗传与细胞图》等论文，陆续发表在 *Proceedings of the National Academy of Sciences of the United States of America*（美国国家科学院院报，缩写 PNAS）、*Genetics* 等重要的学术期刊上。这些成果被称为是细胞遗传学的经典性研究，被引进现代综合进化理论的创立者杜布赞斯基的代表作《遗传学与物种起源》一书中，为杜布赞斯基等学者创立的现代综合进化理论，提供了重要的实验依据。

1939—1946 年，在浙大西迁的艰难岁月里，在贵州湄潭破陋的唐家祠堂中，在微弱的桐油灯光下，谈家桢先生通过对亚洲异色瓢虫鞘翅色斑遗传的深入研究，完成了他的科学人生中最有价值的遗传学研究成果——"嵌镶显性"遗传现象的发现。这一原创性的研究，至今仍被列为国内外遗传学教科书的经典课例。

　　1946 年，谈家桢撰写的"*Mosaic Dominance in the Inheritance of Color Patterns in the Lady-Bird Beetle，Harmonia Axyridis*"（中文名：异色瓢虫 *H. axyridis* 色斑遗传中的嵌镶显性）研究论文，[13]发表在美国的 *Genetics* 杂志上（图 2.4.4）。这篇论文被认为是遗传学研究中的一项经典性的工作，是对孟德尔-摩尔根遗传理论的丰富和发展。

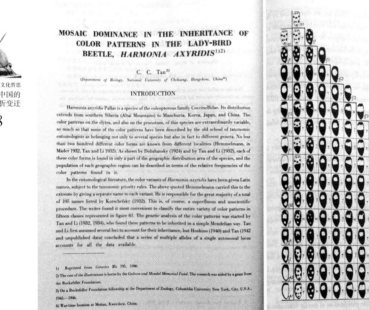

图 2.4.4　谈家桢论文《异色瓢虫 *H. axyridis* 色斑遗传中的嵌镶显性》（1946）

　　1948 年，在国立中央研究院评议会第二届第五次年会上，李先闻、谈家桢二人被推选为代表，前往瑞典参加第八次国际遗传学大会。[14]当时，李先闻因没有筹集够路费而未能成行。谈家桢在得到洛克菲勒基金会的资助后，以中国遗传学界唯一代表的身份，出席了这次在国际科学史上被视作重要分水岭的国际遗传学大会，并当选为国际遗传学联合会的常务理事。

5. 其他少量的遗传学实验研究

1922 年，冯肇传在就读于美国康奈尔大学时，就曾经以玉米（玉蜀黍）为实验材料开始了遗传学问题的探讨。他认为植物中的玉米和动物中的果蝇，是研究遗传学最重要的材料之一。冯肇传选择了 22 个玉蜀黍的耀光叶类型，进行分区种植。他不仅证实了各种耀光叶彼此杂交，产生无光叶之缘由，也证实了耀光叶与胚乳颜色之独立遗传的关系，并且还发现了耀光叶与初绿叶之连锁遗传关系。1923 年，冯肇传发表了论文《玉蜀黍遗传的形质：耀光叶》。[15] 这篇论文是中国遗传学家有关植物遗传学研究成果的最早报道。

1926 年，潘光旦从美国留学回国后，先后在清华大学、西南联合大学、中央民族学院等大学讲授优生学、进化论、遗传学等课程，同时进行优生学、家谱学等领域的研究。潘光旦在优生学研究方面的主要著作有《优生概论》《中国伶人血缘之研究》《优生原理》等。他不仅向国人介绍和宣传优生学的理论，还提出了节制生育、限制人口，禁止血缘相近男女的"内婚"和早婚，以及同姓、表亲结婚有害处等促进社会健康发展的观点。在《优生原理》一书中，潘光旦明确地指出："优生原理是由生物演化论的原理赓续推演而来的。演化的主要成因有三：一是变异，二是遗传，三是选择。"[16]

潘光旦认为：一个人能力的形成，取决于先天遗传和后天环境两个方面，但前者更为根本。从人类社会的前景考虑，不能只讲求个人的进步，也不能只讲求社会的进步，还必须讲求种族的进步。作为我国优生学研究的先行者和著名的社会学家，潘光旦为推动我国早期的优生运动，推动遗传学在社会中的应用，做出了不可忽略的独特贡献。[17]

1927 年，摩尔根的第三个中国弟子陈子英获得博士学位回国后，曾先后执教于燕京大学和厦门大学。当时他在极为困难的条件下，仍然继续从事"正常的和突变的果蝇成虫芽体之发展"的遗传学课题研究，在对镶嵌、雌雄同体等突变现象的基因表达方面，做出了一些科学性的解释，并被国外一些遗传学家所引用。[18]

1940 年代后期，谈家桢培养的第一代研究生开始初露锋芒，并有所建树。

1948 年，徐道觉、刘祖洞二人通过分析中国摇蚊三个相邻种群的染色体结构改变，发现染色体的倒位能使这三个种群有一定程度的隔离，并认为这是物种分化的一个重要原因。[19]与此同时，他们还用秋水仙素处理青蛙的卵，进行了诱导动物多倍体形成的实验研究。[20]

1948年，徐道觉首先报道了人类中一种隐性遗传的折叠舌。[21]翌年，刘祖洞和徐道觉又报道了在人类中属于隐性遗传的折叠舌和属于显性遗传的卷舌这两种性状的群体调查数据，测定了它们的基因频率。这是中国遗传学家在人类与医学遗传学领域中，在国际学术期刊上发表的早期实验研究论文。[22]

1940年代末，留学欧美的中国遗传学家在细胞质遗传的实验研究上，也先后取得了一些领先于世界的研究成果。其中尤为突出的实验研究主要有两项：

其一，1948年，赵保国留学美国印第安纳州立大学期间，就在导师索恩本（T. M. Sonneborn，1905—1981）的指导下，对草履虫的细胞质遗传进行了广泛而深入的实验研究。他通过对双小核草履虫不同遗传型、匹配型以及细胞质内的kappa数量变化过程之间关系的不断探索，发现kappa的行为表现不但受宿主遗传型的控制，细胞的状态，包括细胞质的性质、kappa的性质以及环境因素等，都影响着kappa的表现。[23]这些具有开创性的重要实验研究成果，当时在国内学界几乎无人知晓。直到1956年8月在青岛召开的遗传学座谈会上，赵保国在多次专题发言中，才较为详尽地介绍了草履虫细胞质遗传研究的工作。之后，他又撰写了专论文章《细胞质遗传》，在《科学通报》1957年第6期上发表。该篇论文引用了包括B. Ephrussi、T. M. Sonneborn和赵保国本人的博士论文等在内的24篇重要研究文章，清楚地阐明了细胞质在遗传决定中的重要作用，以及细胞核和细胞质在统一的细胞中的关系。[24]

其二，1950年，陈士怡在留学法国期间，就跟随导师埃弗鲁西（B. Ephrussi，1901—1979），通过酵母小菌落的一系列遗传杂交实验，发现并证实了面包酵母呼吸缺陷型突变的细胞质遗传机制。[25]他将初步的研究结果撰写成论文"*Nature Genetique des Mutants a Deficiece Respiratoire de la Souche B-II de la Levure Deboulangerie.Heredity*"（中文名：面包酵母B-II菌株呼吸缺陷突变型的遗传本质），发表在英国的 *Heredity* 杂志上。[26]

陈士怡的"酵母呼吸缺陷型突变的细胞质遗传机制"这一具有原创

性的实验研究，在当时就引起了国际遗传学界的广泛重视。[27]该项研究成果不仅被有关学术专著引用，被写入普通遗传学教科书中，更被当今科学界高度评价为"开创了在国际遗传学界十分红火的线粒体遗传学研究之先河"。[28]1980年代，陈士怡将他毕生对酵母菌遗传学实验研究撰写的论文，汇集在编著的《酵母遗传学》之中。

注释:

[1] 冯永康.陈桢与中国遗传学[J].科学，2000（5）：38.

[2] 陈桢.金鱼的变异与天演[J].科学，1925（3）：330.

[3] Shisan C.Chen（陈席山），Transparency and Motling，a Case of Mendelian Inheritance in the Goldfish *Carassius Auratus*[J].Genetics，1928，13：432–452.

[4] 陈桢.金鱼的家化与变异[M].北京：科学出版社，1959：64–73.

[5] 李振刚.中国科学家传记——陈桢[J].生物科学进展，1997（1）：1–3.

[6] Shisan C.Chen，The Inheritance of Blue and Brown Colours in the Goldfish，*Carassius Auratus*[J].Jour Genetics，1934，29：61–74.

[7] 郭金海.1948年中央研究院第一届院士的选举[J].自然科学史研究，2006（6）：43–46.

[8] JU-CHI LI（李汝祺）.The Effect of Chromosome Aberrations on Development in *Drosophila Melanogaster*[J].Genetics，1927，12（2）：1–58.

[9] 1998年9月9日，夏镇澳先生在给冯永康的复信中作了重要的回忆记录.

[10] H.W.LI（李先闻），C.H.LI（李竞雄）and W.K.PAO（鲍文奎）.Cytological and Genetical Studies of the Interspecific Cross of the Cultivated Foxtall Millet，Setaria Italica（L.）Beauv and the Green Foxtall Millet，S.Viridis L[J].Journal of the American society if agronomy：32–54.

[11] 冯永康.李先闻[J].遗传，2009（4）：337–338.

[12] 赵功民.谈家桢与遗传学[M].南宁：广西科学技术出版社.1996：329.

[13] C.C.TAN（谈家桢）.Mosaic Dominance in the Inheritance of Color Patterns in the Lady-Bird Beetle，*Harmonia Axyridis*[J].Genetics，1946，31：195–210.

[14] 陈勇开，吉雷，邹伟.国立中央研究院评议会第二届历次年会记录[J].民国档案，2018（3）：32.

[15] 冯肇传.玉蜀黍遗传的形质：耀光叶[J].科学，1923（5）：528–537.

[16] 赵寿元，谈家桢.遗传学与社会发展[J]，科学，2000（3）：22–23.

[17] 1999年7月9日，赵寿元先生给冯永康的复信。

[18] 陈子英.两种果蝇突变之遗传研究（附图表）[J].厦门大学学报，1931（1）：119–139.

[19] 1998年8月10日—15日，冯永康在北京参加第18届国际遗传学大会期间访谈徐道觉先生.

［20］徐道觉，项维，刘祖洞.Colchicine Induction of Polyploidy in the Frog［J］. Rana Plancyi, Science Record, 1948, 2（3）: 320–322.

［21］Hsu T. C. Tongue Upfolding: A Newly Reported Heritable Character in Man［J］. J Hered, 1948（39）: 186–188.

［22］Liu T. T., Hsu T. C. Tongue—Folding and Tongue—Rolling in a Sample of the Chinese Population［J］. J Hered, 1949（40）: 19–20.

［23］赵保国.关于细胞质遗传的研究历史的叙述［M］// 中国遗传学会.孟德尔逝世一百周年纪念文集（1884—1984）.北京: 科学出版社, 1985: 147–148.

［24］赵保国.细胞质遗传［J］.科学通报, 1957（6）: 165–168.

［25］青宁生.我国酵母菌遗传学研究的先驱——陈士怡［J］.微生物学报, 2011（6）: 843–844.

［26］Chen S. Y., Ephrussi B.and Hottinger H. Nature Genetique des Mutants a Deficiece Respiratoire de la Souche B–Ⅱ de la Levure Deboulangerie［J］. Heredity, 1950（4）: 337–351.

［27］管敏鑫.人才辈出的生物系［M］// 毛树坚.永恒的纪念: 纪念江希明教授诞辰100周年暨缅怀前辈师恩文集.杭州: 浙江大学出版社, 2017: 25–27.

［28］2008 年 1 月 1 日，高翼之先生给冯永康的复信.

第五章　中国遗传育种学家的早期实践

我国的遗传育种之研究，发端于 19 世纪末。早期的中国遗传育种学家从国计民生的需要出发，先后经历了从良种选育、引进国外优良品种到地方品种的征集和检定以及纯系的培育，再到运用现代遗传学的理论开展农作物和家蚕等的杂交育种之研究过程。

1931 年以后，中央农业实验所、中央棉产改进处等农业研究机构成立，同时各地也先后创办了农业院校、农业科研机构和稻麦试验场，促进了遗传学和育种学的研究。在此期间，国内高等学校的农学院、中央农业实验所、全国稻麦改进所等机构，开始以现代遗传学理论为依据来设计育种试验，进行有计划、有目的、有目标的育种了。[1]

由于受日本侵略影响，从 1936 年起，我国许多重要的遗传育种研究和教学机构陆续向西南搬迁。在这之后的 10 余年中，以四川为主的西南地区，便成为国内遗传育种的研究中心。[2]

1. 赵连芳、丁颖等学者的水稻遗传育种研究

从 1920 年代初期开始，赵连芳就着手进行水稻遗传学专门研究。他通过水稻两个品种 4269（糯性）×4957（非糯性）的杂交实验，证实了 1921 年由日本学者山口弥辅报道的糯性与颖尖红色这两种性状的连

锁遗传，并将其研究结果撰写成论文 "*Linkage Studies in Rise*"（中文名：稻的连锁遗传之研究），于 1928 年发表在美国 *Genetics* 杂志上。[3] 稍后，该篇论文被译成中文发表在国立中央大学《农学丛刊》上。该项研究代表了中国学者在水稻遗传学上的早期研究成果。

1926 年，丁颖在广州东郊的犀牛尾，发现并获得普通野生稻的自然杂交种子。经过多年的选择培育，于 1933 年育成了抗逆性强、适应性广的"中山一号"优良稻种。这是我国最早（也是国际上首次）运用杂交方法育成的水稻优良品种，在生产上推广应用达半个多世纪。[4]

1940 年代，作为赵连芳得意弟子的管相桓，在水稻遗传学的研究中，揭示出了水稻的芒性与叶鞘色、米粒色等 10 对基因之间无连锁关系，并先后发表了《栽培稻芒之连系遗传》等研究论文。[5] 这些研究成果，也为之后的水稻遗传育种工作的大力开展，提供了重要的理论依据。

2. 沈宗瀚、金善宝和蔡旭等学者的小麦遗传育种研究

我国的小麦遗传育种之实践研究，开始于 1930 年代初期。1931 年，金善宝在美国康奈尔大学农学院留学期间，就勤于参加作物遗传育种工作，发表了《小麦之遗传》等研究论文。[6] 1932 年回国后，他与其得力助手蔡旭等一起，开始了几十年如一日的小麦抗锈病的遗传育种研究。

从 1934 年起，沈宗瀚连续发表了《10 种杂交小麦对抗秆黑灰病之抵抗的遗传》《小麦杂交中数量与质量性状之遗传研究》（英文）等论著与论文，这是我国学者在小麦抗病育种和数量遗传等研究方面最早发表的文献。1939 年，在英国爱丁堡召开的第 7 届国际遗传学大会上，他应邀发布了题为《中国小麦品种适应区域及育种之关系》的学术报告。[7]

1930 年代，中央农业实验所将从国内外采集和征集到的数千个小麦品种作为育种材料，经过筛选后，特将 "Peuiao125 H112" 和 "金大 2905" 等不同小麦品种进行杂交，所获杂种后代在四川经过多年区域性试验后，选育出了以 "中农 28" 为代表的一系列具丰产、抗病、抗倒伏等优点的小麦优良品种。[8]

1939 年，蔡旭从国内外引进的 3000 多份小麦材料中，通过系统选择方法，选育出适于四川盆地和长江中下游地区种植的 "南大 2419"。

该品种具有早熟、抗条锈病、抗吸浆虫、秆强抗倒、穗大粒饱、适应性广等优点，是中国小麦推广史上种植面积最大、范围最广、时间最长的一个小麦良种。[9] 1944 年，蔡旭率先在中华农学会上作了"小麦黄锈病抵抗性之遗传研究"报告。[10] 1949 年，蔡旭又发表了论文《小麦成株抗条锈病遗传研究》(*The Inheritance of Adult Plant Resistance to Yellow Rust in Quality Wheat Crosses*)。[11]

早在留学美国期间，戴松恩就先后对来自中、俄、美三国的五个普通小麦开展杂交实验，对杂交后小麦的叶片、叶鞘、秆毛、小穗、外芒、内芒等性状进行研究，探究引起各种性状形态变化的遗传因子，以阐明小麦单性状遗传和性状间连锁遗传的规律。1937 年，戴松恩发表了他回国后用英文撰写的《中俄美小麦品种杂交之遗传的研究》[12]论文之后，便选择以小麦细胞遗传学和小麦抗赤霉病的遗传育种作为自己的主要研究课题。

此外，靳自重、庄巧生在 1941 年发表了《小麦穗部性状之遗传》的研究论文[13]，杨允奎于 1945 年发表了《小麦杂种性状之遗传研究》等研究论文。[14]

3. 冯泽芳、冯肇传等学者的棉花遗传育种研究

我国的棉花遗传育种研究开始于 1920 年代。1923 年，冯泽芳等学者首先对亚洲棉(又名"中棉"，*G. arboreum. L*)质量性状的遗传进行了初步探索。1925 年，他将初步研究的结果撰写成论文《中棉之孟德尔性初次报告》，这是我国学者对棉花性状遗传研究结果的最早报道。[15]

1926 年，冯泽芳与冯肇传合作，就亚洲棉质量性状遗传的研究结果，在东南大学《农学杂志》上发表了研究论文《中棉之遗传性质》。

1934 年，冯泽芳通过多年对亚洲棉和陆地棉(又称"美洲棉"，*G. hirsutum L.*)种间杂交的细胞遗传学研究，写成论文《亚洲棉与美洲棉杂种之遗传学及细胞学的研究》，在《国立中央大学农学丛刊》第 1 卷第 2 期刊载。1935 年，该论文的原著(英文稿)发表在美国的 *Botanical Gazette* 杂志(96 卷 485–504)上，颇受国内外研究者的重视，为以后的棉花遗传育种研究，奠定了一定的基础。[16]

1934 年，奚元龄和俞启葆关于开拓我国棉花远缘杂交研究的论文《中棉遗传研究》发表。该论文摘要被英国 Plant Breeding Abstracts 杂志刊载后，受到了国内外学者的广泛重视。1938—1948 年，俞启葆通过对亚洲棉的花青素遗传和连锁群的研究，肯定了黄花苗致死与花青素、卷缩叶与鸡脚叶分别属于两个连锁群，并先后发表了《中棉之卷缩叶与黄绿苗两突变及其连锁性状之遗传研究》《亚洲棉花青素遗传之赓续研究》等论文。[17]

在这期间，秦皎然[18]、闽乃扬[19]等也先后对陆地棉的花部性状和叶片性状的遗传，做了一些研究工作。

1944 年，国立中央大学农学院和中央农业实验所合作，选用"鸡脚陆地棉"与"德字 531 ♂"进行杂交，用 10 年时间育成具有增产、抗卷叶虫等优良特性的"鸡脚德字棉 8207 号"[20]，这是我国最早在生产上大面积推广的、用杂交方法育成的优良棉种。

4. 蒋同庆、唐维六、陆星垣等学者的家蚕遗传育种研究

我国是最早开展家蚕杂交育种的国家，早在明代便有了关于家蚕杂交和杂种优势利用的记载。

1920 年，杨邦杰再次东渡日本，进入九州帝国大学农学部，师从著名遗传学家田中义麿，着重学习有关蚕桑遗传学的课程。1928 年，杨邦杰回国后，担当起领衔华南地区蚕桑高等教育与遗传育种研究的重任。他亲自讲授有关课程，编写《蚕学讲义》等教材，敲定出适合我国实际的家蚕遗传育种中文名词。同时，他还应用遗传学理论的纯系分离法和杂交法育成优良白茧蚕品种，在整理地方品种、蚕的遗传研究等方面取得开创性的成果，并发表了《关于广东蚕种之改良应用遗传学法则而得之二三结果》[21]等研究论文。

1933 年，蒋同庆前往日本九州帝国大学农学部养蚕研究室专攻家蚕遗传育种。在导师田中义麿的指导下，他潜心钻研家蚕的遗传和生理，进行"蚕蛾眼色的母性遗传""绢丝腺色素的研究"等课题的实验研究，获得了家蚕人为突变的成功。他先后在日本遗传学杂志等学术期刊上，发表了《蚕雌性外观的因子交叉》《温度对遗传因子的影响，I 地图斑场

合》等研究论文。[22] 1938 年蒋同庆回国后，全身心投入家蚕品种资源的收集、保育和开发中，为我国的家蚕品种基因库的建立，奠定了扎实的基础。[23]

蒋同庆先后与杨邦杰、陆星垣、唐维六（1912—2010）等人合作，主要进行家蚕卵、茧、蛹的形态形质的实验遗传学的研究，先后发表了《家蚕卵色之遗传学的研究》《家蚕黑翅蛹之遗传学的研究》等多篇论文；提出了家蚕第二连锁群 Pm-Rc 两个表型突变基因间之换组价（即交换率），并对广东蚕系"水引缩卵"表型突变进行了遗传研究。[24] 与此同时，蒋同庆、唐维六等为保存 500 多个家蚕品种和引进多化性蚕品种，还来回奔波于中国广西与越南之间的险途中。[25]

中国家蚕遗传学家们发表的这一系列研究论文，先后被国外的英文、日文等学术专著所引用，在国际家蚕遗传学界产生了深远的影响。1948 年，蒋同庆根据当时家蚕遗传育种的教学和实验研究的状况，进行了综合分析和系统总结，编写出版了我国家蚕遗传学的奠基性著作——《蚕体遗传学》。[26]

5. 对其他农作物的遗传育种工作

1937 年，杨允奎受命创办四川稻麦试验场（翌年改名为四川农业改进所）后，不仅组织和带领遗传育种研究人员，进行大规模的粮食作物地方品种资源的调查，他还克服重重困难，开始了长期的玉米自交系和杂交种的选育工作。他先后发表了《杂种优势与作物育种》[27]《玉米杂种优势涉及株高与雌花期之研究》[28]《应用间接测算遗传中之交换值》[29]等研究论文。在我国农作物数量遗传学的研究方面，杨允奎被称为主要的开创者。

1934 年，吴绍骙在美国明尼苏达大学撰写了博士论文《玉米自交系血缘与杂交组合表现之间的关系》，提出了不同来源的自交系杂交比亲缘关系较近的自交系间杂交，具有更大的杂种优势。1939 年，该研究论文发表在美国农艺学会会报上，至今仍是玉米遗传育种最常引用的重要文献。[30]

1920—1940 年代，中国的遗传育种学家还对被称为"小作物"的大豆、大麦等，做了少量的遗传育种研究。

作为中国作物育种学和生物统计学主要奠基人的王绶，也是运用现代遗传学理论，在我国开创大豆遗传育种研究的先行者。他与弟子时措宜等在大豆杂交实验中，发现了后来被国际大豆基因委员会定名为"Riri"的花斑隐性基因，并先后发表了《大豆种皮色泽遗传之研究》[31]《大豆第一代杂交优势之研究》[32]《大豆种皮斑纹遗传：一对新的隐性致斑因子》[33]等研究论文，培育出"金大332"等大豆新品种。1930年代，王绶还发表了《大麦之遗传（Inheritance in Barley）》[34]等学术论文，培育出被命名为"Wang's Barley"（王氏大麦）的抗冻、抗锈病新品种。

此外，丁振麟（1911—1979）自1939年起在云南大学农学院也对大豆进行了长达7年的杂交实验，发表了论文《野生大豆和栽培大豆的遗传研究》。1945年，丁振麟考取公费生赴康奈尔大学学习作物遗传育种学时，将研究论文进一步整理，发表在《美国农艺学会杂志》上，引起国内外农业界的高度重视。[35]

1930—1940年代，国内遗传育种学家关于豆科植物杂交育种研究的论文还有：金善宝的《大豆天然杂交》[36]《大豆几种性状与油分蛋白质之关系》[37]等，华兴鼐的《蚕豆之人工自交与杂交》[38]《蚕豆连锁遗传》[39]等。

注释：

[1] 沈志忠. 美国作物品种改良技术在近代中国的引进与利用——以金陵大学农学院、国立中央大学农学院为中心的研究[J]. 中国农史，2004（4）：26-27.

[2] 洪锡钧. 四川省解放前的遗传育种研究[J]. 中国农史，1990（2）：43-47.

[3] Chao, L.F.Linkage Studies in Rise [J].Genetics, 1928, 13: 133-169.

[4] 黄超武. 丁颖教授水稻育种的成就及其学术观[J]. 广东农业科学，1985（1）：1.

[5] 管相桓，等. 栽培稻芒之连系遗传[J]. 中华农学会报，1946（183）：57-64.

[6] 金善宝. 小麦之遗传[J]. 中华农学会报，1933（109）：85-86.

[7] 卢良恕. 在"沈宗瀚先生农业学术研讨会"上的主题报告[J]. 中国农学通报，1991（6）.

[8] 刘彦威. 中央农业实验所科研活动记事[J]. 中国科技史料，1998（1）：54.

[9] 金善宝，蔡旭，吴董成，等. 中大2419小麦[M]. 南京农学院，1957.

[10] 蔡旭. 小麦黄锈病抵抗性之遗传研究[J]. 中华农学会论文，1944.

[11] 常州市档案馆. 小麦人生——蔡旭纪念文集[M]. 北京：中国农业大学出版

社，2018：198-201.

[12] 戴松恩.中俄美小麦品种杂交之遗传研究（摘要）[J].农报，民国二十六年，4
（21）：1053-1054.

[13] 靳自重，庄巧生.小麦穗部性状之遗传[J].科学，1941（11-12）：593-606.

[14] 杨允奎.小麦杂种性状之遗传研究[J].四川大学农学院.新农林，1945.

[15] 冯泽芳.中棉之孟德尔性初次报告[J].东南大学农学杂志，1925（7）.

[16] 冯泽芳.亚洲棉与美洲棉杂种之遗传学及细胞学的研究[M]//冯泽芳先生棉
业论文选集.南京：中国棉业出版社，1948：40-57.

[17] 俞启葆.中棉之黄苗致死及其连锁性状之遗传研究[J].科学，1938（11-12）.

[18] 秦皎然.棉之花部遗传[J].浙棉，1937（8）：106-108.

[19] 闵乃扬.陆地棉数种变性之遗传研究[J].中华农学会报，1946（183）：9-22.

[20] 周盛汉.中国棉花品种系谱图[M].成都：四川科学技术出版社，2009：46.

[21] 杨邦杰.关于广东蚕种之改良应用遗传学的法则而得之二三结果[J].中华农
学会报，1930（82-83）.

[22] 杨大祯、向仲怀主编的内部发行资料.蒋同庆教授业绩.重庆市新闻出版准印
证号 NO（91）158，1990.

[23] 1999 年 9 月 5 日钱惠田先生给冯永康的复信.

[24] 蒋同庆，唐维六.家蚕第二染色体 Pm-Rc 两因子间之换组价[J].福建农业，
1943.

[25] 2010 年 12 月 31 日，唐维六之弟子曹阳等提供的电邮资料.

[26] 蒋同庆.蚕体遗传学[M].昆明：大华印书馆，1948.

[27] 杨允奎.杂种优势与作物育种[J].科学月刊（成都），1948（22）.

[28] 杨允奎.玉米杂种优势涉及株高与雌花期之研究（英文）[J].美国农艺学杂
志，1949.

[29] 杨允奎.应用间接测算遗传中之交换值[J].中华农学会报，1949.

[30] 佟屏亚.玉米育种事业的开拓人——吴绍骙[J].中国科技史料，1988（2）：
65.

[31] 王绶，时措宜.大豆种皮色泽遗传之研究[J].西北农林，1947（1）.

[32] 王绶，时措宜.大豆第一代杂交优势之研究[J].中华农学会报，1947（184）.

[33] 王绶.大豆种皮斑纹遗传：一对新的隐性致斑因子[J].中华农学会报，1948
（186）.

[34] 王绶.大麦之遗传（Inheritance in Barley）[J].中华农学会报，1936（148）.

[35] 丁振麟.野生大豆与栽培大豆之遗传研究[J].中华农学会报，1945（182）.

[36] 金善宝.大豆几种性状与油分蛋白质之关系[J].中华农学会报，1935（142-
143）.

[37] 金善宝.大豆天然杂交[J].中华农学会报，1940（168）.

[38] 华兴鼐.蚕豆之人工自交与杂交[J].农报，1943（31-36）.

[39] 华兴鼐.蚕豆连系遗传研究报告（一）[J].中华农学会报，1944（178）.

第六章 遗传学核心
名词 gene 的中译

现代遗传学从欧、美、日各国引入中国的过程中，中国学者通过在学术期刊发表文章、编译出版论著和编写发行教科书等，对遗传学中最重要、最核心的名词"gene"一词，先后进行了"因子""因基""基因"等不同中译。

1. gene 一词的由来

1865 年，遗传学的奠基人孟德尔在他的 "*Experiments in Plant Hybridization*"（植物杂交的试验）一文第 9 章 "*The Reproductive Cells of the Hybrids*"（杂种的生殖细胞）中写道："We must therefore regard it as certain that exactly similar factors must be at work also in the production of the constant forms in the hybrid plants."[1]这里的 Factors，实际上只是逻辑推理的产物，不对应于具体的物质。中文通常译为"因素""因子"或"遗传因子"。

1889 年，德·弗里斯提出，生物的每一个外部性状都是由细胞内一种看不见的特殊颗粒决定的。他借用了达尔文命名泛生论时所用的词 pangenesis，衍生出 pangene 来称呼这种遗传的颗粒为"泛生子"。[2]

1900 年，当孟德尔定律被重新发现以后，为了方便孟德尔遗传学说的传播，丹麦遗传学家约翰森（W. L. Johannsen）于 1909 年，将德·弗里斯的 pangene 一词，缩短而成 gene，用来统一表述孟德尔的"遗传因子"。[3]但是，这时候的 gene，仍然仅仅是一个简单的符号，不指向具体的物质。

1915 年，摩尔根和他的弟子斯特蒂文特、缪勒、布里吉斯等人，以果蝇为材料进行了一连串的遗传学实验研究。他们在出版的经典著作 *"The Mechanism of Mendelian Heredity"*（孟德尔遗传的机制）中，不仅肯定了遗传因子的存在，用实验证明了遗传学问题可以定量地和严密地加以研究，并用染色体学说解释了孟德尔遗传学，从而奠定了细胞遗传学的基础。[4]从这时起，摩尔根等人开始逐渐用 gene 一词取代此前使用的 factor。

1926 年，摩尔根总结自己 20 余年来研究果蝇遗传学的成果，编写出版了集染色体遗传学之大成的名著 *"The Theory of the Gene"*（基因论）。该书系统地阐述了遗传学在细胞水平上的基因理论，丰富和发展了孟德尔遗传学说，使遗传学获得了前所未有的大发展。

在被称为遗传学"圣经"的 *"The Theory of the Gene"* 中，摩尔根写道："只有当这些理论能够帮助我们做出特种数字的和定量的预测时，它们才有存在的价值，这便是基因论同以前许多生物学理论的主要区别。我们仍然很难放弃这个可爱的假设：基因之所以稳定，是因为它具有一个有机的化学实体。"[5]

2. gene 的中译——从"因子"到"因基"

在现代遗传学传入中国后最初的 20—30 年间，"因子"是 gene 的主流译名。

早在 1917 年，卢守耕撰写的《生物上子不类亲之理由》一文中，就详细地描述了遗传学自孟德尔到摩尔根的工作。文中举例谈到了豌豆、鼹鼠、果蝇、血友病、色盲症等，几乎涵盖当时遗传学所进行的代表性实验。他在文中写道："在植物中，有表面观之似为一个之独立性质即 gene。"[6]但卢守耕只是提到了 gene 一词，并未作出任何释义。

同一年，赵经之在《实验遗传学品种改良论》一文中写道："此遗传质者，恰如一个化合物，由种种之元素组合而成。其构造遗传之单位，即因子之一。""集因子而造种种之遗传质。"[7]在该篇文章中，并没有提到"因子"与 gene 的关系。

（1）冯肇传最早给 gene 中译定名

早在 1923 年，冯肇传就选择了玉米作为实验材料，在国内最早开展植物遗传学的研究。他的研究论文《玉蜀黍遗传的形质：耀光叶》中，有多处将"genes"一词都中译成"定数"。[8]如，（1）在该文的"耀光叶苗之遗传"一段中写道："……此种比率足证其亲株只有一对混杂的定数（genes）判别耀光与无光的形质。"（2）在该文的"耀光叶苗与胚乳色之关系"一段中写道："赫逊（C. B. Hutc hison）以为定数（genes）GIgI 与 Yy 或有连锁关系。"（3）在该文的"耀光叶与初绿叶之连锁"一段中写道："马根（T. H. Morgan）及其徒，首创染色体学说，并作染色体图，以表明各种定数（genes）连锁之关系……"该文多处提到的定数（genes），很显然就是我们现在所说的基因（gene）。

同一年，冯肇传回国任教于南通大学时，在发表的《遗传学名词之商榷》一文中，已经清楚地将 gene 一词中译成了"因子""因"。[9]较之"定数"之中译名，"因子"的中译名更接近 gene 一词的音译，也含有"遗传因子"的意译。这可能是目前国内所能查找到的，最早给予 gene 的明确中译定名。

但是，同样是 1923 年，在李积新编写的《遗传学》教科书中，却发现该书中只有"factor，因子者，各项性质之谓也"的注释[10]，并没有提到 gene 这一名词及中译的问题。

（2）陈桢将 gene 中译为"因基"

1924 年，陈桢在东南大学担任生物学教授时，就一直提倡用中文并选用中国的生物材料进行生物学的教学。从崇尚爱国的教学理念出发，他在已经使用过两次的生物学教学讲义基础上，编写出的中文本《普通生物学》一书，其中第六章"遗传"中，用"因子"的概念详细解说"孟德尔定律"。

陈桢在该书第六章第三节"遗传的物质基本"中写道："Morgan 以为，这是因为在普通的二对因子的遗传现象里，每对因子的物质基本叫做因基（gene）"。[11]从这一个表述中可看出，陈桢已经开始将 gene 一词，中译成了"因基"。

1928 年，陈桢用英文撰写的《透明和五花，金鱼中的第一例孟德尔式遗传》一文，发表在美国的 *Genetics* 杂志上以后，他又改写成中文的《金鲫鱼的孟德尔遗传》一文，发表在《清华学报》上，以告知国内的生物学界。在该篇文章中，陈桢写道："透明型与杂斑性的遗传，遵守一对因子式的孟德尔定律，这是金鲫鱼遗传现象里孟德尔因子的第一次发现。"[12]在这里，陈桢在解释金鱼体色的遗传符合孟德尔定律时，还是将 gene 一词中译成"因子"。

1933 年，陈桢在由《普通生物学》基础上改编成的《复兴高级中学教科书·生物学》一书之第七篇第四章"遗传的物质基本"中，使用了"因子的物质基本，可以简称为因基（gene）的中文译法。"[13]

这是目前能够查找到的中文文献里，国内第一次介绍 gene 是具有物质实在性的遗传单位，而且将 gene 中译由"因子"改成"因基"。

在中国国内开创遗传学教育之先河的陈桢，治学十分严谨，对外来科学名词的中译，也特别注意反复斟酌。他将 gene 中译成"因基"，不仅仅体现了"因子的物质基本"这一含义，同时也尽量呈现出了 gene 的发音。可以说，"因基"实际上主要就是对"gene"的一种意译。

（3）其他学者对"因基"的沿用

1930 年，从清华到美国留学的彭光钦，在他的译著《普通生物学》第二十八章"孟德尔之定律"中写道："在前段内曾假定精子细胞或配子受有数种决定素，现名为因基或因子，此种因子遗传于后代。"[14]

1932 年，吴元涤在编著的《生物学》教科书第十二章第三节"因基说"中写道："关于染色体上有多数遗传单位的事实，美儒茅根氏 Morgan 就其研究的结果，创设因基的假说以证明之。氏称遗传因子的物质基本为因基 gene。"该书附录中西名词索引部分，也列出了"Gene，因基"。[15]

1947 年，王志清在编著的《高中生物学复习指导》"遗传物质的基本学说"之段落中写道："遗传学大家毛尔庚氏 Morgan 和他的高足试验果蝇 *Drosophila* 的遗传，成立了因基 gene 的一个名称。就是说，遗传的因子很多，而染色体的数目有限，所以一个染色体必定是由许多个因子的物质基本所组成的。这个因子的物质基本，叫做因基。"[16]

彭光钦、吴元涤、王志清等人在编译或编写的教科书中，对 gene 的译法，很可能都是沿用了陈桢的"因基"中译之含义和语境。

1945 年，在 Sinnott & Dunn 编著，周承钥、姚钟秀翻译的《遗传学原理》一书的"索引一"中[17]，汇集有："gene 因子，基因"一词，但在该书的正文中却都又表述为"因子"。作为当时在国内高等学校中使用比较普遍的经典教科书，周承钥等人在翻译 gene 一词时，为何出现前后译法的不一致，还有待究其原因。

3. gene 的中译——从"因基"到"基因"

迄今为止，笔者所能查阅到的文献史料表明：国内最早将 gene 译成"基因"并引入中文的，应该是学贯中西的优生学家兼社会学家潘光旦。

（1）潘光旦最早将 gene 中译为"基因"

1930 年，潘光旦在《东方杂志》第二十八卷第一号上，发表了《文化的生物学观》一文，他在该文中清楚地写道："关于遗传这一点，我们不预备多说。遗传的几条原则，什么韦思曼的精质绵续与精质比较独立说呀，孟特尔氏的三律呀，跟了韦氏的理论而发生的新达尔文主义或后天习得性不遗传说呀，杜勿黎的突变说呀，约翰生与靡尔更的'基因'遗传说——是大多数生物学家会已认为有效，而且在生物学教本中已经数见不鲜的。"[18]

1935—1936 年，潘光旦在《清华学报》《年华》等期刊上，主要围绕着"遗传与疾病""遗传的贡献"等人类优生学的问题，陆续发表了一系列研究文章。在这些文章中，潘光旦先后谈到了"遗传的'基因'（gene）究属扮演什么脚色，有些什么贡献。……"[19]"染色体所包含的遗传因子——叫做基因（gene）。我们可以说，受精以后的卵细胞所包含的是基因，自然也是父母体所有基因的各一半。"[20]"染色体所包含的遗传因子——叫做基因（gene）。"[21]基因（gene）是遗传学研究的最小对象，或最小的基体，和物理学的电子或化学的原子，地位正相似。[22]

潘光旦具有扎实的生物学功底和遗传学教育的背景，留美回国后在清华大学执教期间，崇尚通识教育。他精通多门学科，同时又具有非常深厚的中文功底，在他看来，也许将 gene 中译为"基因"，应该是最为合适的译名。

根据目前所能查证到的文献史料，潘光旦很可能是国内第一个将遗传学名词 gene 中译成"基因"的学者。

（2）谈家桢从"因基"到"基因"

1936 年，谈家桢在留学美国期间，应邀为国内的《武汉大学学报》（理科季刊）撰写了文章《遗传"因基"学说之发展》。他在该篇文章中 [23] 写道："遗传学家假定见觉不到之遗传单个体，名为'因基'（ gene）。"该文全篇皆使用"因基"一说。

谈家桢用 gene 一词解释遗传学，是非常顺理成章的事。同时还可看出，他对陈桢将 gene 一词中译为"因基"也是持完全赞同态度的。

实际上，从 20 世纪 20 年代到 40 年代，国内的不少生物学家，如朱洗、张作人、俞启葆等，在他们先后发表的文章中都采用的是"因基"这一译法。

如果从译名对原词意义的保存，从学界共同体的认可与接受这两个角度，作为 gene 的中译名——"因基"一词，似乎已经成为当时最具有优势的候选者。但是与此同时，从音译的角度，更接近 gene 原词译名的"基因"，也已经在一些遗传学实验研究文章中开始出现。

1943 年，谈家桢在《中国动物学会论文提要》上，连续发布的"二二二：瓢虫（ *Harmonia axyridis*）'隆起型'与'平滑型'鞘翅之地理变异与遗传""二二三：瓢虫（ *Harmonia axyridis*）鞘翅色斑型之遗传及一种显性之新现象""二二四：瓢虫（ *Harmonia axyridis*）鞘翅色斑型之遗传与嵌镶显性说"等一系列的实验研究结果中，皆使用了"基因"一词。如，在论文提要之二二三中，谈家桢写道："亚洲瓢虫各种不同色斑型之遗传，被一连串孟德尔式多面相对基因所控制，且该种基因存在于寻常染色体中，与性别无涉。" [24]

在这个系列研究报告的行文中，谈家桢为什么会改用之前他并不认可的"基因"之译法？据徐丁丁的初步研究认为：这可能与卢惠霖有一定的直接关系。 [25]

1943 年春，卢惠霖在西迁至贵阳的湘雅医学院中，担任寄生虫学、生物学教授。他感于国难之际无法实现"科学救国"的理想，想到自己已到中年，总应在学术上为国家做一点什么。于是在教学之余，卢惠霖开始了摩尔根的《基因论》之翻译工作。由于身处战争年代，他又是断断续续地"反复推敲"，到完成译稿时已经到了 1949 年。

卢惠霖在翻译《基因论》时，或许就 gene 的译名，与此时住在距离贵阳并不远的遵义湄潭唐家祠堂的谈家桢，进行过仔细的交流。根据谈家桢的回忆，当时他认为"基因"一词"不太雅，在古文中找不到对应的词"。卢惠霖则坚持认为："基因"包含了"基本因子"的意思，与孟德尔的"因子"（factor）一脉相承。显然，卢惠霖重视的是"基因"在遗传单元含义上的延续性，与陈桢强调作为物质基础的"因基"有较大区别。而卢惠霖的看法也确实更符合 gene 一词的意义，或许这也就是导致谈家桢改用"基因"一词的原因。[26]

在出版于 1987 年的《谈家桢论文集》中，所收录谈家桢 1936 年发表的《遗传"因基"学说之发展》一文中，已经更名为了《遗传"基因"学说之发展》。[27]

2016 年 8 月，时任复旦大学生命科学学院常务副院长的钟扬，在上海图书馆举办的"书香·上海之夏"名家新作系列讲座上，所做的"解读我的美丽基因组"主题演讲中，曾谈到了将 gene 一词中译为"基因"长期被归功于谈家桢一事。他说道："事实上，谈老在生前否认他是这个翻译的创造者，而且对此译法也不是很满意。将 gene 中译为'基因'的是谈老的师兄卢惠霖。"谈家桢当时还请钟扬在他百年之后，选择一个适当的方式，帮助他纠正这个错误。然而令人遗憾的是，2017 年 9 月，钟扬在从内蒙古返回上海的途中不幸因车祸去世。钟扬有心撰写并打算投稿《解放日报》的未竟文章《一位诚实的人——谈家桢先生》，便成为了一个永远的遗憾。[28]

（3）其他遗传学家将 gene 中译为"基因"

1935 年，师从李汝祺攻读硕士学位的朱纪勋，在报道缪勒等人 1935 年 1 月发表的相关研究结果的一文中，称"'基因'（gene）乃染色体上之一种理想组织"。[29]

1937 年，棉花遗传育种学家华兴鼐在翻译美国遗传学会编辑的《遗传学名词释义》一文中，有关 gene 一词的释义有两点：（1）为遗传之单位，由生殖细胞传递，此复杂的基因与细胞质受环境之影响相互作用。基因在染色体中，为直线排列。（2）为遗传实质根据。这里的 gene，也已经被中译为"基因"了。[30]

1943 年，曾于 1937 年获得美国康奈尔大学农学硕士学位的蒋涤旧，根据美国遗传学会所制定的遗传名词，在着手翻译的《遗传学名词之译定及释义》一文中写道："gene 基因——（1）为遗传之单位，由生殖细胞内传递至后代，由于因子之相互作用。细胞质之复杂及环境之影响，常节制遗传之个性之发展。基因排列成线状于染色体上，且基因之间有一定之单位距离。（2）就遗传物质基础言之，或更具体言之，基因为遗传分子中之原子。"[31]

（4）对 gene 的批判促成学术共同体的一致认可

1949 年 12 月，时任华北大学农学院院长的乐天宇（1901—1984）等人，在《农讯》杂志上发表了题为《新遗传学讲话》的一系列文章，他在文中不断鼓吹"米丘林遗传学"为"新遗传学"，将孟德尔—摩尔根学说批判为"旧遗传学"。[32] gene 作为遗传学的核心名词，也就自然而然地成为乐天宇等人批判的重点。乐天宇武断地认为："这种'基因'不但任何人都没有看见过，连莫尔干（即摩尔根）自己也没有看见过。他拿这种虚构的'基因'来肯定生物遗传的性状，这种看法，是不真实的，是不可能掌握的。"既然"基因"在理论上"不真实"，在实践中"不可控"，也就无法为生产建设服务。

1950 年代初期，国内的科学界和教育界对"基因"的批判，成为当时特定的政治环境下的一个关注焦点。正是由于不论是批判者还是被批判者，不论是反对或赞同基因理论的人，都必须使用"基因"这一词汇，从而促成人们在用词习惯上的统一。基因的内涵，也就必然得以受到学术界更多的关注。

1953 年，沃森（J. D. Watson, 1928—　）和克里克（F. H. C. Crick, 1916—2004）关于 DNA 分子双螺旋结构模型的建立，使人们不再认为基因是一个假想的符号，而是认可其为具体的、实实在在的遗传物质的基本单位。

1958 年，在中国科学院编辑的《遗传学名词》中，收录 gene 时，只保留有"基因"这一个中译名词。[33]

1959年，卢惠霖翻译的《基因论》在历经磨难后，由科学出版社正式出版。

至此，从科学概念的内涵和外延上，从秉持"信、达、雅"的翻译理念上，经过30多年的不断演变和在学术界的反复讨论，遗传学的核心名词gene被中译成"基因"，终于得到了科学共同体的一致认可。

从前面的简要追述中可以看出，1950年代之前的中国，由于长期的闭关锁国和战乱不息，在经济、文化和科学等方面十分落后。本来早在1948年，国立中央研究院评议会第二届第五次年会推定李先闻、谈家桢作为代表，参加在瑞典召开的第八次国际遗传学大会时，二人就曾商议过成立中国遗传学会的事，只是因为当时国内处于长时间的战乱状态，又受其他诸多因素的制约，而只好暂时作罢。由此，中国遗传学在相当长的一段时间内，都处于没有专门的遗传学研究机构与学术团体的窘况，中国遗传学家和遗传育种学家当时所从事的教学与研究工作，都只能更多地表现为个别人的学术行为。

然而，中国老一辈遗传学家通过各自艰辛的努力，在传播现代遗传学理论和培养遗传学研究人才，以及进行遗传学实验研究和遗传育种实践等多个方面所做出的贡献，仍然为国际遗传学界所瞩目，所取得的一些具有原创性的研究成果也引起国际遗传学同仁的高度关注，并对遗传学的发展起到了不同程度的促进作用。如，陈桢的金鱼变异、遗传与进化的实验研究，李汝祺的黑腹果蝇发生遗传学的研究，李先闻的粟类等农作物的植物细胞遗传学研究，以及谈家桢的亚洲异色瓢虫的"嵌镶显性"的遗传学研究，等等。

1943—1946年，国际著名科学史学家、英国剑桥大学的李约瑟（Joseph Needham，1900—1995），在中国任职中英科学合作馆主持人，曾两次到当时已内迁到贵州的浙江大学进行考察。李约瑟对当时浙大师生在极端困难的条件下仍然坚持科学研究，而且研究水平之高，学术空气之浓，并取得不少成果而赞叹不已。他曾写道："在湄潭，研究工作是活跃的。……这里关于甲虫类瓢虫所有奇异的色彩因素的遗传方面的工作，在美国已引起很大的兴趣……。"[34]

注释：

［1］G.Mendel.Experiments in Plant Hybridization（1865）.

［2］高翼之.迷人的基因——遗传学往事的文化启迪［M］.上海：上海教育出版社，2007：2-5.

［3］同［2］，第6页.

［4］贾树彪，李盛贤，郭时杰.摩尔根年谱——果蝇遗传研究简评［J］.生物学杂志，1999（3）：10.

［5］冯永康.摩尔根的果蝇遗传研究.人民教育出版社网站，2012-03-27.http：//www.pep.com.cn/gzsw/jshzhx/grzhj/gsjsh/fyk/swxshh/201203/t20120327_1114583.htm

［6］卢守耕.生物上子不类亲之理由［J］.北京农业专门学校校友会杂志，1917（2）：51.

［7］赵经之.实验遗传学品种改良论［J］.山东实验学会会志，1917（1）43-48.

［8］冯肇传.玉蜀黍遗传的形质：耀光叶［J］.科学，1923，8（5）：531，534-536.

［9］冯肇传.遗传学名词之商榷［J］.科学，1923，8（7）：766.

［10］李积新，编辑，胡先骕，校订.遗传学［M］.上海：商务印书馆，1923.

［11］陈桢.普通生物学［M］.上海：商务印书馆，1924：209.

［12］陈桢.金鲫鱼的孟德尔遗传［J］.清华学报，1930（2）：21.

［13］陈桢.复兴高级中学教科书·生物学［M］.上海：商务印书馆，1933：311.

［14］［美］L. L. Burlingame，等.普通生物学［M］.彭光钦，译.上海：北新书局，1930：312.

［15］吴元涤.生物学（高中及专科学校用）［M］.上海：世界书局，1932：249-255.

［16］王志清.高中生物学复习指导［M］.上海：现代教育研究社，1947：102.

［17］［美］E. W. Sinnott & L. C. Dunn.遗传学原理［M］.周承钥，姚钟秀，译.上海：商务印书馆，1945.

［18］潘光旦.文化的生物学观［J］.东方杂志，1930（1）：101-102.

［19］摩尔.遗传与疾病［M］.潘光旦，译.清华学报（自然科学版），1935（2）.

［20］潘光旦.不齐的人品［J］.华年·优生副刊，1935（40，41，50）.

［21］潘光旦.本性难移的又一论证［J］.华年·优生副刊，1936（8）.

［22］潘光旦.遗传的原则［J］.华年·优生副刊，1936（11，12，16）.

［23］谈家桢.遗传"因基"学说之发展［J］.国立武汉大学理科季刊，1936（2-3）：306-308.

［24］谈家桢.中国动物学会论文提要：二二三、瓢虫（Harmonia axyridis）鞘翅色斑型之遗传及一种显性之新现象［J］.读书通讯，1943（79-80）：39.

［25］卢惠霖.我的几段经历［M］//中国人民政治协商会议湖南省委员会文史资料研究委员会.湖南文史资料选辑第23辑.长沙：湖南人民出版社，1986.

［26］徐丁丁.近代遗传单位概念在中国的传播与gene的中译（未刊稿）.

［27］谈家桢.谈家桢论文集［M］.北京：科学出版社，1987.

［28］李辉，钟扬.解读我的美丽基因（一）.喜马拉雅（音频），https：//www.ximalaya.com/renwenjp/3897666/21584630

［29］朱纪勋，裴家全.国外科学消息："基因"之位置及体积［J］.科学教育（南京），

1935（1）：81.

[30] 华兴鼐. 遗传学名词释义［美国遗传学会编辑，发表于美国农部出版的 Year Book of Agriculture（1936）］［J］.农业建设，1937（6）：704.

[31] 美国遗传学会. 遗传学名词之译定及释义［J］.蒋涤旧，译.中华农学会报，1943（176）：97-98.

[32] 乐天宇. 新遗传学讲义［J］.农讯，1949（27-28）：12-18.

[33] 中国科学院编译出版委员会名词室. 遗传学名词（英中对照）［M］.北京：科学出版社，1958.

[34] 许为民，张方华. 李约瑟与浙江大学［J］.自然辩证法通讯，2001（3）：66.

第三篇

1949—1978 年：中国遗传学发展的坎坷与曲折

20 世纪上半叶的中国，尽管国家长时期处于动荡状态，老一辈的遗传学家仍然以自己的艰辛努力和执著追求，为新中国遗传学事业的持续发展，打下了一个较良好的基础。

从 1949 年到 1978 年，历经近 30 年的坎坷与曲折发展，中国遗传学事业取得了一定的成绩。在受"米丘林遗传学"影响的 1950 年代初期和 1966—1976 年的"文化大革命"期间，中国遗传学事业有两次陷入十分艰难的境地。但陈桢、李汝祺、谈家桢等遗传学家和广大遗传学工作者在磨难与挫折中，以独有的睿智和勤奋，顽强地支撑着已经初创的中国遗传学。

第三篇

1949—1978 年：中国遗传学发展的坎坷与曲折

▶

第一章　新中国成立初期
中国遗传学的概况

1949 年 6 月 30 日，面对新中国即将成立所要面临的国际环境，毛泽东在《论人民民主专政》一文中，明确提出了新中国成立后外交"一边倒"的方针。[1]

在全国人民认真学习《论人民民主专政》一文的同时，报刊上经常刊登苏联各方面建设经验的介绍。特别是 1950 年以后，有相当数量的苏联专家到我国来帮助进行社会主义的建设，"向苏联学习"也就成为全国各行各业（包括科学界和教育界）的统一行动。应当承认，当时新中国百废待兴，在人民民主国家政权的巩固、经济复苏与发展和社会主义事业的初期建设等方面，苏联所给予的大力援助都起到了积极的作用。[2]

新中国成立初期，随着工业化建设的大规模推进，国家亟需大量专业人才，尤其是工业建设和农业增产方面的专业人才。1952 年，中央人民政府教育部开始仿照当时苏联的教育模式，对全国旧有高等学校的院系进行全面调整。由此，清华大学和浙江大学变成了多科性的工科大学。中国遗传学教学和研究的中心，从清华大学、浙江大学等高等学校逐渐转移到北京大学、北京农业大学（现在的中国农业大学）和复旦大学等高等学校。

在全国各行各业向苏联学习的过程中，苏联农业科学工作者李森科（Т. Д. Лысенко，1898—1976）打着著名园艺学家米丘林（И. В. Мичурин，1855—1935）的旗号，以孟德尔—摩尔根遗传学作为批判对象"创造"出来的"米丘林遗传学"，开始通过不同方式传入中国，并迅速在生物学和农学领域大力传播。

当时，我国生物学和农学界的学者都很不了解苏联生物学和农学的具体情况。陈桢、李汝祺、谈家桢、戴松恩、李竞雄、李景均、鲍文奎等遗传学家，则对"米丘林遗传学"内容要清楚得多。因为"米丘林遗传学"直接批判了他们所熟悉的孟德尔和摩尔根的学术思想，[3]大力宣传他们所不能同意的，"细胞中的活质的一点一滴都具有遗传作用"观点。

在这一时期，生物学界和农学界的绝大多数科学家出于对中国共产党创建的新中国的热烈向往与真心期待，都抱着学习、了解"米丘林遗传学"的态度，继续埋头从事自己执著追求的遗传学教学和实验研究。

1. 陈桢对金鱼变异、遗传与演化的研究总结

1950 年代初期，苏联李森科学派的学术思想，对中国遗传学界造成了严重的干扰和破坏。但陈桢始终以实事求是的科学态度，坚持对真理的追求。

1951 年，陈桢编写的科普文章《美丽的鱼——金鱼》，刊载于《人民画报》第 12 期。[4]该文用大量的可信史料，以图文并茂的形式，论述了金鱼起源于中国以及品种产生的历史。他还在行文中引用了我国宋朝著名诗人苏东坡的"我识南屏金鲫鱼，重来拊槛散斋余"作为旁证。陈桢借用品种繁多的金鱼产生原因的简要分析，向公众顺理成章地宣传地球上的各种生物（包括人类），都是通过进化而来的科学观点。

1952 年高等学校院系调整后，陈桢从清华大学（图 3.1.1）调入北京大学。在当时不能继续进行金鱼遗传学实验研究的情况下，一方面，他把精力投入生物学研究人才的培养中；另一方面，他

图 3.1.1　陈桢在清华园（1951 年）

转向对中国生物学史的潜心探讨，逐渐形成了对中国传统生物学进行全方位多层次治史的研究风格。

1954年，陈桢带着身患甲状腺癌及淋巴腺瘤等多种疾病的身躯和当时环境造成的巨大精神压力，将他进行30多年的金鱼变异、遗传和进化的实验研究工作进行了全面总结。他通过更加广泛深入地查阅古代文献史料，系统性地整理成了《金鱼家化史与品种形成的因素》一文，发表在《动物学报》上。[5] 在该篇文章中，陈桢以确凿的文献资料再一次证明了今天品种繁多的金鱼都起源于野生的鲫鱼；世界各地饲养的形态各异的金鱼，均来源于中国。

陈桢的《金鱼家化史与品种形成》之论文，代表了他运用辩证唯物主义的观点和方法，研究生物学（特别是遗传学）问题所取得的卓越成就。为此，中国科学院生物学部曾经召开全院大会，号召全体科研人员学习陈桢的治学经验。

1955年，陈桢的《金鱼家化史与品种形成》之论文由科学出版社出版了单行本；1956年，该论文又译成英文在《中国科学》（英文版）上刊载。同年，日本学者泉永岩将这篇论文译成日文进行了转载，从而在国内和国外的学术界产生了极为广泛的影响。陈桢的《金鱼家化史与品种形成》的论文，还曾在我国的进化论教学和爱国主义思想教育中，作为重要的实例被普遍引用。[6]

1957年陈桢逝世之后，他所发表的金鱼遗传学研究的重要论文，以及有关动物行为学的研究文章，由其学生及助手李璞、夏武平、郑葆珊、崔道枋、汪安琦（1922—2003）、陈宁生等人，经过细心翻译和汇集整理后，结集在《金鱼的家化与变异》（图3.1.2）一书中。该书凝结了陈桢毕生从事遗传学研究的主要成果，1959年由科学出版社出版后，成为遗传学研究领域中的重要经典性文献。

金鱼的家化与变异

陈　桢　著

科学出版社

图3.1.2　陈桢的代表性著作《金鱼的家化与变异》（1959）

2. 李汝祺、谈家桢、鲍文奎巧妙讲授遗传学

1952 年，李汝祺随着燕京大学并入北京大学，在进入北京大学生物系之初，还继续承担细胞遗传学课程的讲授。当李森科宣扬的"米丘林遗传学"影响到各个高等学校时，他不能讲授孟德尔—摩尔根遗传学课程，就转向讲授动物学等课程。

作为第一个在摩尔根"蝇室"获得博士学位的中国留学生，李汝祺处于当时的学术环境，仍然没有完全放弃他所钟爱的遗传学。他在给学生讲述动物学和胚胎发育学的课程中，穿插了对孟德尔—摩尔根遗传学知识的介绍。

1952 年，谈家桢从浙江大学转到复旦大学担任生物系系主任。在当时，生物系不能开设遗传学专业，只能以达尔文主义教研室来代替。

当时复旦大学生物系的达尔文教研室的基本成员，是谈家桢从浙江大学带来的得意弟子盛祖嘉、沈仁权、刘祖洞、项维（1921—1984）和高沛之等。谈家桢与他的弟子们合译了苏联学者伊凡钦科编著的《生物学引论》一书，[7] 并立即开设了该门课程。同时，他们还以《物种起源》巨著为蓝本，讲授达尔文的进化论。针对李森科在他的《科学中关于生物种的新见解》一文中宣扬的"生物种内无斗争也无互助"的谬论，谈家桢在讲授达尔文进化论的课程时，反复强调生存斗争和自然选择是达尔文进化论的基本要素，不承认这一点，就不懂得达尔文的进化学说。他还十分巧妙地选用了 1940 年代在贵州湄潭研究亚洲异色瓢虫的遗传学实验作为鲜活的例子，用实验观察到的遗传现象论证了生存斗争是物种进化的动力。[8]

1955 年 9 月—1957 年 7 月，全国作物遗传育种进修班在北京农业大学举办，身为农学系系主任的蔡旭亲自担任该进修班的班主任。为了使来自各地高校参加进修的青年教师能够全面了解当时遗传学的发展动态，蔡旭专门邀请了李汝祺、鲍文奎、李竞雄等多位遗传学家，为学员们讲授遗传学的基本理论课程。由于当时很久都没有开设遗传学课程了，除了参加进修班的学员外，还来了不少助教。

1956 年，鲍文奎在中共中央宣传部科学处处长于光远（1893—1976）和中央农业部副部长刘瑞龙等的帮助下，从四川省农业科学研究所调到北京，先被安排在北京农业大学农学系遗传学教研组。鲍文奎在

为进修班讲授的第一节课中，向前来听讲的教师讲了一段颇具风趣的开场白。他讲道："我听过一些批判，似乎批判者对他们批判的对象是什么都还不清楚。所以很需要给大家提供有关摩尔根遗传学的系统材料。这样，批判起来才更有力。自讲自批不如不讲，因此我只提供材料而不批判。批判就留给你们了。"学员们听了鲍文奎的这一段话，在发出笑声的同时，很快就明白了这是老师在向他们非常睿智地传授遗传学的真谛。[9]

鲍文奎在北京农业大学的两年时间内，一共开设了四次讲授遗传学的课程。参加全国作物遗传育种进修班的全体学员，通过这一轮系统的性学习，不仅从遗传学大师们那里学到了摩尔根遗传学的基本理论，接受了摩尔根遗传学的基本观点，也极大地开阔了视野，了解到了国际遗传学界的发展。

当时参加全国作物遗传育种进修班学习并担任进修班班长的卢永根（1930—2019）和李晴祺（1931—2022）等学员，后来都成为在我国水稻、小麦等农作物遗传育种方面的领头人，为国家的农业发展做出了突出的贡献。卢永根被评选为中国科学院院士（1993）和"感动中国2017年度人物"，李晴祺带领的研究团队获得了国家技术发明一等奖（1997）。

3. 施平对蔡旭、李竞雄的遗传育种研究的大力支持

1950年代初期，北京农业大学作为当时国内传播"米丘林遗传学"的中心，遗传学的教学和实验研究都无法正常开展，与农业生产紧密相连的遗传育种活动也时断时续。蔡旭从1930年代就开始进行的小麦抗锈病育种和李竞雄坚持多年利用自交纯系来培育杂交玉米的工作，都处于十分艰难的境地。

面对这一明显有悖于新中国成立初期中共中央提出的团结更多知识分子建设新中国的做法，1953年10月，施平（1911—　）被调入北京农业大学担任党委书记兼副校长的职务。作为受人尊敬的新四军老战士的施平到校后，发现农大的问题主要是党群关系紧张，把政治问题和学术问题混在一起。农业科学的基础是生物学，生物学的基础是遗传学，遗传是否有"基因"是个学术问题。施平顿时感到解决这个问题的重要性和迫切性。

当时有一件事对施平触动很大，小麦育种与栽培学专家蔡旭教授已经培育出的小麦新品种可以防止华北地区流行的小麦锈病发生，又可以增产，但学校和上级个别领导人却拘于李森科的说法，说蔡旭培育出的小麦品种是"唯心主义的"，不准推广，不准农民参观，也不准陈列展览。当时，北京农大教务长、全国著名植物病理学家沈其益教授向施平诉说当下困境时，泪流满面，请施平争取尽快解决这个问题，否则学校就很难办下去。[10]

施平在继续听取了相关意见后，批评了当时校内某些人的错误做法，并对与批判蔡旭直接有关的党员进行了及时的说服教育。他还到卢沟桥农场察看小麦试验田及良种繁育地，到附近农家察看推广的良种。

得到了施平等领导的鼓励与支持后，蔡旭深信自己的育种事业是对人民有利的，他要用事实来证明小麦抗锈育种的必要性，以取得有关领导的支持。1955 年 10 月，《光明日报》在头版编排了整整一个版面，全文刊载了蔡旭撰写的《在米丘林学说的光辉照耀下 我国在农作物选种方面的新成就》[11]这一重要文章。

在参加 1955—1957 年全国作物遗传育种进修班的学员研讨有关遗传学问题时，蔡旭面对学员的提问，一板一眼地回答道："我不是摩尔根派，也不是米丘林派，我是育种家实用派。"他还告诉学员：在遗传学上，表现型等于基因型加外界条件。有一定条件才能有相应的性状表现，我们搞育种的就是要看种子的性状表现怎么样。你们种地时，如果是满地土坷垃，品种再好的基因型也表现不出来。我们培育的品种在石家庄、北京等不同条件下，有不同的表现型，所以你们说外界条件重不重要？他又说到，你说基因型重要不重要？兔子能生出公鸡吗？它没有这个基因型。[12]蔡旭这样的一席话，使学员们明白了遗传学的真正含义。

同样在北京农业大学，利用杂种优势选育玉米自交系间杂交种的开创者李竞雄，为了能将自国外带回来的珍贵玉米自交系延续保种，顶住各种压力，坚持利用自交系间杂交种优势的研究方向。

1956 年，李竞雄与他的助手们利用杂种优势的理论，育成了我国第一批具有"生长整齐一致、抗倒、抗旱和显著增产"特点的"农大 4 号、7 号"玉米双交种，为我国选育和利用玉米自交系间的杂交种打下了重要的基础。与此同时，他们还先后在《人民日报》《作物学报》等报刊上发表了多篇专题文章，系统论述了玉米杂种优势的理论，奠定了中国玉米杂交育种的理论基础。[13]

　　遗传学家们在这一时期的类似研究工作还有：1950 年代初期，当时已经在中国科学院植物生理研究所工作的夏镇澳（1923—　　，曾担任李先闻的助手），尝试将李先闻在 1940 年代末就已积累的"小麦单体、缺体和多体染色体，粟与狗尾草有性杂交后代的各种株系"等育种材料保存延续。他和有关部门一起继续进行了一些回交、杂交和细胞学的观察的研究。

注释：

［1］毛泽东 . 论人民民主专政——纪念中国共产党二十八周年［N］. 人民日报，1949 年 7 月 1 日第一版 .

［2］李佩珊 . 科学战胜反科学——苏联的李森科事件及李森科主义在中国［M］. 北京：当代世界出版社，2004：131–133.

［3］同［2］，第 133 页 .

［4］陈桢，敖恩洪 . 美丽的鱼——金鱼［J］. 人民画报，1951（12）：28–29.

［5］陈桢 . 金鱼家化史与品种形成的因素［J］. 动物学报，1954（2）：89–116.

［6］冯永康 . 陈桢与中国遗传学［J］. 科学（上海），2000（5）：41.

［7］谈家桢，刘祖洞，项维，高沛之 . 生物学引论［M］. 北京：高等教育出版社，1955.

［8］赵功民 . 谈家桢与遗传学［M］. 南宁：广西科学技术出版社，1996：140.

［9］张爱民 . 永远的缅怀　永存的精神——缅怀恩师蔡旭教授［M］// 常州市档案馆 . 小麦人生——蔡旭纪念文集 . 北京：中国农业大学出版社，2018：97，619.

［10］包汉中，汪祥云 . 百岁老战士施平的传奇人生（3）［N］. 新民晚报，2015 年 1 月 17 日 .

［11］蔡旭 . 在米丘林学说的光辉照耀下　我国在农作物选种方面的新成就［N］. 光明日报，1955 年 10 月 27 日 .

［12］李晴祺 . 回忆我的恩师蔡旭 . 蔡祖南，李保云于 2019 年 1 月 12 日访谈（未刊稿）.

［13］李竞雄 . 杂种优势的利用［N］. 人民日报，1963 年 1 月 8 日第 5 版 .

第二章　1956 年的青岛遗传学座谈会

在中国遗传学的百年发展史上，1956 年 8 月在青岛召开的遗传学座谈会，被科学界认为是一个重要的转折点。简要回顾并梳理这次遗传学座谈会有关的重要史实，可为当今中国遗传学人的教学与研究，带来一些新的思考与启迪。

1. 青岛遗传学座谈会召开的历史背景及筹备工作

1952 年底，由苏联植物学家苏卡乔夫（В. Н. Сукачёв，1880—1967）担任主编的《植物学杂志》（Ботанический Журнал），发起了一场针对李森科于 1950 年发表的《科学中关于生物种的新见解》文章的学术批判。与李森科有不同见解的科学家，纷纷加入"关于物种与物种形成问题的讨论"，发表文章阐述自己在物种与物种形成问题上不同于李森科的学术观点。[1] 1954 年 10 月至 1957 年 6 月，科学出版社陆续编译出版了《关于物种与物种形成问题的讨论》中译本文集共 21 册，向国内科学界及时并客观地介绍苏联生物学界的最新学术动态。科学家们在讨论"物种与物种形成问题"时，阐述了摩尔根遗传学理论的科学性和在实践上的重要性，并对 1948 年全苏列宁农业科学院会议以后苏联批判孟德尔—摩尔根学说的做法，提出了严厉的批评。科学出版社《关于物种与物种形成问题的讨论》文集的陆续出版，开始引起国内科学界（主要是生物学界和农学界）学者的广泛关注。

1956 年 4 月 25 日至 28 日，中国共产党中央政治局扩大会议在北京召开。会议开始的当天，毛泽东（1893—1976）在所作的《论十大关系》之报告中，谈到了"中国和外国的关系"。他强调：对外国的东西必须有分析、有批判地学，不能盲目地学，对苏联经验也应当采取这样的态度；并说"过去我们一些人不清楚，人家的短处也去学"。学习李森科的那一套，就是被举出作为盲目学习人家短处的一个例子。[2]

1956 年 5 月 2 日，毛泽东在最高国务会议第七次会议上正式宣布了"百花齐放 百家争鸣"的方针。他指出："李森科，非李森科，我们也搞不清楚，有那么多的学说，那么多的自然科学学派。就是社会科学，也有这一派、那一派，让他们去谈。在刊物上、报纸上可以说各种意见。"这就明确表示中国共产党的最高领导人，主张对学术上的不同学派不要干预，并且对苏联共产党过去的做法不以为然。[3] 5 月 26 日，在时任中国科学院院长和中国文学艺术界联合会主席郭沫若（1892—1978）的邀请下，时任中共中央宣传部部长陆定一（1906—1996）代表党中央在北京中南海怀仁堂，向到场的 1 000 多位科学工作者和文艺工作者作了"百花齐放，百家争鸣"的专题报告，[4]全面系统地阐述了毛泽东提出的"双百"方针。

这些重要讲话和专题报告，不仅强调了反对给自然科学扣上政治帽子、反对用一种学派压倒一切的做法。同时，也明确地指出了我国在"向苏联学习"过程中所出现的一些问题。在这些问题中，苏联的李森科伪科学压制遗传学，则是尖锐的问题之一。

紧接着，根据毛泽东的讲话精神，陆定一在与当时担任中共中央宣传部科学处处长的于光远谈话时提出：要在遗传学这个领域开展学术讨论，为贯彻"百家争鸣"的方针提供一个榜样。按照陆定一的指示，于光远出面召集了中国科学院和高等教育部的负责人，认真研究了遗传学的有关问题和在我国遗传学界贯彻"双百方针"的必要性及具体步骤，决定利用高等学校放暑假的时间，于 1956 年 8 月在青岛召开一次遗传学座谈会。[5]

实际上在这之前，中国科学院已经就遗传学教学和研究在 1952—1956 年期间所出现的极不正常的现象，表示过多次关注。

笔者通过研读《竺可桢日记 III（1950—1956）》和薛攀皋、季楚卿、宋振能等编辑的《中国科学院生物学发展史事要览（1949—1956）》（中

国科学院院史专题资料）一书中所记录的有关要目，梳理出如下有关史料：[6]

1956 年 1 月 5 日，在科学院第 27 次秘书处处务会议上，贝时璋提出"遗传学工作问题可否在今年召开一次会议"的建议。过兴先在会中谈道："遗传会很需要开……目前遗传学工作未能很好进行，最好开一次会。"秦力生说："遗传会可开小规模座谈性质。"

2 月 7 日，在中国科学院第六次院务常务会议通过的"中国科学院 1956 年工作计划"中，专门列出了由生物学地学部负责筹备召开遗传学工作会议的安排。

5 月 5 日，竺可桢专程到李四光家，谈及关于苏联农业科学院院长李森科前不久被解职一事，引起的中国科学界思想混乱的后果。竺可桢与当时到场的于光远、戴芳澜、高尚荫、邓叔群、吴征镒等人，通过讨论一致赞同李四光提出的"由中宣部科学处负责主持和组织遗传学问题的讨论"之提议。在当天的日记中，竺可桢还写到"在 4 月 20 日的《参考资料》转载了 4 月 10 日《真理报》消息说，苏联部长会议通过李森科辞职照准。……李森科所指责的孟德尔遗传学说和定律，是无可否认其存在的"。

6 月 16 日，竺可桢参加"生物学部召集之李森科讨论会"，同时参加这个讨论会的有于光远、童第周、过兴先、祖德明等人。在讨论会上，童第周认为目前准备不充足，主张于 8 月间在青岛召开一次小组会。

在中共中央确定要召开遗传学座谈会之后，于光远曾专门组织黄青禾（1932—　）、黄舜娥（1932—　）等人，开展了较为深入的调查研究工作，查找并编辑了有关的学习资料，以供有关领导人和要来参加座谈会的人员了解 1935 年至 1956 年间苏联生物学界发生的三次论争情况。会议准备的材料分成三个部分：（1）遗传学两派的历史和基本观点；（2）米丘林"遗传学"在中国的传播情况；（3）苏联生物学界两派争论的历史情况。

在这些准备材料中，特别是由黄青禾负责编写的第（3）部分，是他在当时位于文津街的北京图书馆中待了三个月，如同考古工作者那样努力地挖掘文物式地寻找，在查阅大量的苏联历史上的报刊（《真理报》《消息报》《农村生活报》《共产党人》等）之后，经过翻译、整理和研究，编写出的多达 5 万字的系统性的背景材料，其中很多都是鲜

为人知的内容。

从黄青禾等人着手准备并汇集的这些报刊资料中，中宣部科学处的同仁们，第一次惊讶地发现了米丘林的旗帜被李森科滥用的事实，而且也了解到苏联在对待遗传学的问题上，以政治和强权干预学术的情况。[7]

在青岛遗传学座谈会召开前夕，《光明日报》记者曾经到北京农业大学对吴仲贤进行了专访。吴仲贤就当时高等学校讲授"遗传学"的问题，十分坦率地谈了他自己的看法。他说：过去我们高等学校讲授的遗传学，1949 年就被取消了，现在讲授的"遗传学"是李森科的。有人把过去讲的遗传学认为是资产阶级的、唯心的，甚至反动的，可是说这样话的人都不是学遗传学的，或者是对于这门学问不了解。科学的态度是要对这门学问的基本规律加以研究，看是否有实验的根据，用不同种的动植物加以考验，然后根据实验的资料得出结论。如果是这样做的话，就不会发生谬误了。吴仲贤认为，把遗传学提到议事日程上来，订入教学计划之中加以讲授、研究和发展，是迫不容缓的事。他希望高等教育部和高等学校多多考虑、研究一下这个问题。[8]

2. 青岛遗传学座谈会的主要内容

1956 年 8 月 10 日至 8 月 25 日，作为中国共产党在学术界贯彻实行"百家争鸣"方针的正式标志和第一个试点样板的遗传学座谈会，经过短暂的筹备之后，由中国科学院和高等教育部共同主持，在青岛市栖霞路的中国科学院招待所召开。

参加青岛遗传学座谈会的代表有来自中国科学院、高等教育部、农业部、教育部、林业部系统的遗传学、育种学、细胞学、胚胎学、生理学、生物化学、生态学、分类学等方面的科学工作者 70 余人（包括列席 20 余人）。[9]在正式邀请的代表中，包括来自：复旦大学、北京大学、北京农业大学、武汉大学、山东大学、南开大学、浙江农学院、华南农学院、西北农学院、北京师范大学、华东师范大学、西南师范学院、中国协和医学院等高等学校的代表；中国科学院的植物研究所、植物生理研究所、植物研究所遗传研究室、实验生物研究所、生理生化研究所、菌种保藏委员会、昆虫研究所、海洋生物研究室的代表；全国各大区的农业科学研究所的代表，以及中央宣传部科学处、高等教育部农林教育司、中国科学院及生物学地学部、中国科学院科学出版社等部门的人员。[10]在列席人员中，则主要是当时前来青岛参加中国动物学会第二届全国会员代表大会的部分动物学家，以及设立在青岛的中国科学院海洋研究所内的部分生物学工作者等。[11]

当时前来参加青岛遗传学座谈会的各方代表，都没有什么思想准备。对于什么是"双百方针"，会议如何贯彻"双百方针"等问题，多半都是认识不清的。[12]但是大家也都意识到，座谈会开得是否成功关系重大。而会议究竟怎样开，又朝着哪个方向走，大家也都还并不明晰。

中共中央宣传部科学处指定施平担任这次座谈会的中共党组书记。[13]整个会议由童第周、周家炽（1911—1998）、谈家桢、祖德明、李继侗（1897—1961）、奚元龄、过兴先（1915—　）等7人组成的会务小组轮流主持。[14]

青岛遗传学座谈会召开前夕，于光远等已经广泛地向高等院校和科研机构中的有关科学家，宣传了中共中央提出的"百花齐放 百家争鸣"的方针，并针对当时摩尔根遗传学和"米丘林遗传学"两派学者的不同顾虑，做了大量细致的思想工作，鼓励他们积极准备在座谈会上大胆地、无拘束地发言。

（1）遗传学座谈会开幕式

在青岛遗传学座谈会的开幕式上，童第周说明了召开这次会议的原因、目的和要求。他讲道："这次会议的目的是要在遗传学上发扬百家争鸣的精神，打破片面狭隘的见解。要把遗传学中存在的问题，大家畅怀地谈一谈，消除过去存在的隔阂，互相了解、相互学习，使遗传学在中国得到健康的发展，力争在十二年内达到国际水平。"[15]

中共中央宣传部科学处作为党内分工负责科技政策的工作机构，在青岛遗传学座谈会上的基本姿态，就是创造一种宽松、平和的会议环境。为此，身为科学处处长的于光远，在座谈会第一天（8月10日）和会议中间（8月20日）分别作了两次重要的发言。于光远在发言中，针对当时遗传学两派之间的严重不正常状况，宣传了中共中央"百家争鸣"的方针和政策；阐述了区分学术问题和政治问题的重要性。他谈道："苏联李森科的问题，从党的工作方法的角度来看，是一个教训。过去强加给摩尔根遗传学的各种政治帽子应该全部摘掉。"

与此同时，于光远也以哲学家的身份，在他的发言中谈到了"不赞成把摩尔根学派的观点说成是唯心论"、承认"有遗传物质不是什么唯心论，不是形而上学""解决科学问题不是哲学家的任务，科学的结论只能通过科学研究的完成去得到"。他还专门谈到了"李森科提出的'偶然性是科学的敌人'是违背唯物辩证法的"等坦率而又明确的科学哲学的观点。[16]

于光远在讲话中着重提出的"党对学术问题不做决议""学术研究自由"等主导会议的发言，给前来参加青岛遗传学座谈会的科学家们以耳目一新的感觉，解除了与会代表的思想顾虑，有效地营造了座谈会上宽松和自由的气氛。

专程前来青岛参加遗传学座谈会的中国科学院副院长竺可桢，在会议开幕式当天作了简短的讲话后，也在百忙中挤出部分时间，听取了在8月11日、13日两天与会学者的发言。[17]

（2）遗传学家的踊跃发言

青岛遗传学座谈会安排了14天的专题学术讨论（8月19日参会代表休息一天），共有56人在座谈会上作了170人次的发言。[18]

会议期间，来自各地的生物学工作者就共同关注的问题，如"遗传的物质基础""遗传与环境的关系""遗传与个体发育""遗传与系统发育""关于研究工作上存在的问题""关于教学上存在的问题"等6个专题，利用每天上午集中的时间展开热烈的讨论与发言。同时，为了纾缓气氛，座谈会的组织者在下午或晚间安排茶歇，代表们可以在喝着清茶和咖啡、吃着西瓜的同时，坦率而又温和地自由摆谈，交换着各自的看法。[19]

在经过与会代表小议同意的六个重点专题的讨论过程中，参会学者的心态很不相同。遗传学家们心情是轻松的，多少带有一些兴奋。他们把憋了多年的学术见解，尽量地一吐为快。而那些信奉"米丘林遗传学"的学者正好相反，在会议中表现出很大的失落感，也有一些人在发言中除了坚持自己原来的观点外，在一定程度上还是表达了对李森科的一些批评。[20]

作为这次座谈会主持人之一的谈家桢，在会上先后作了8次重要的发言。他在第一次座谈会上，不仅比较详细地介绍了孟德尔—摩尔根的遗传理论，也重点谈到基因理论在最新发展中所取得的主要成就。他着重谈道："作为研究揭示有机体遗传和变异规律的自然科学的遗传学，其客观存在的真理只有一个。过去把遗传学分为米丘林遗传学和摩尔根遗传学似乎不很妥当。在一门科学里，容许有不同学说的存在，只有通过不断的实践和考验，才能证实谁是谁非；也只有不断的争论，才能使这门科学发展起来。决不应该依靠任何外力来取舍一个理论。"[21]

在座谈会中，讨论最热烈的问题之一是后天获得的性状究竟能不能遗传。谈家桢就此提出了反驳的看法，他说："我们搞生物科学的人，也希望获得性能遗传。比如我们现在念了书，以后生了儿子不念书也能有知识，这不是更好吗？但是我们不能把愿望作为结论。真正决定生物性状的、起着决定作用的是基因。"[22]

北京大学的李汝祺在第六次座谈会的发言中专门谈道："科学的标准和对待科学的态度，一方面决定于科学的事实，同时也决定于逻辑。科学事实乃是用比较可靠的材料和方法，要求最低的对照和数据，最好是经过统计处理的事实。这也就是我们讨论问题的共同语言。在做科学研究时，首先要有一个假设。这个假设一定要建立在前人科学事实的基础上。有了假设就进行实验。得出资料后，再加以分析和综合，才能得出一个结论。这是一步一步的，有一系列的过程，这就是逻辑。"他还说："我认为遗传学是一种科学，科学就是唯物的。"[23]

在座谈会进行"遗传的物质基础"专题讨论时，来自北京农业大学的李竞雄也先后作了两次重要的发言。他首先开门见山地谈道："遗传学问题论争的焦点，在于共同语言。共同语言不仅要有事实证明，还应包括实验材料、方法、结果的解释以及科学定义等。例如遗传学的定义问题，摩尔根学派说是通过遗传物质的，这是一百多年来生物科学发现的事实。而米丘林学派说是整个细胞的一点一滴也有遗传性，总得有事实来证明，要拿出确实证据来才能成立。在实验材料的选用上，摩尔根学派做试验要求纯的材料，而米丘林学派一般不注意材料。又如实验不用对照，就看不出某种处理的真正效应。不用统计方法也不能说明遗传变异是否显著，环境的作用也不能区别开来。《实践论》上说'内因是基础，外因是条件'，所以，基因理论的观点是没有什么可以指责的。"[24]

刚刚留学欧美国回国不久的赵保国（武汉大学）、王德宝（中科院生理生化所）等学者在座谈会上，侧重介绍了国际遗传学研究的一些最新进展。赵保国所做的 8 次发言中，不仅重点介绍了关于"草履虫细胞质遗传研究"的工作，也谈到了细胞核与细胞质的相互作用与细胞分化的关系。王德宝则向前来参加座谈会的学者，传递了遗传学研究最新发现的相关信息——沃森和克里克于 1953 年提出的 DNA 分子双螺旋结构模型。[25]

在青岛遗传学座谈会上，应竺可桢专门邀请前来参加会议的中国植物学的主要开拓者胡先骕，在大会的 14 次专题讨论会上的发言次数达到 11 次，成了与会发言人的"冠军"。胡先骕曾因在编写的《植物分类学简编》教科书中，对李森科关于物种的一些错误见解提出了批评，而在"米丘林诞辰一百周年纪念会"上受到了批判。翌年，党中央提出"双百方针"后，中国科学院副院长竺可桢曾按照周恩来的有关指示，来到胡先骕家中，代表有关方面就"米丘林诞辰一百周年纪念会"上对他的批判，说到"有过火处"，向胡先骕表示了道歉。

胡先骕在座谈会的发言中，不仅从农业实践、植物分类学的研究出发，依据摩尔根的遗传学说，继续批判了李森科物种理论的荒谬；还专门建议各类高等学校要迅速地做好恢复讲授孟德尔—摩尔根遗传学的准备工作。[26]

在遗传学座谈会留影照中（图 3.2.1），作为中国现代生物学开山宗师的胡先骕，被安排在前排的正中座位，足以显示出他在中国科学界中享有的崇高学术地位。

为期 15 天的遗传学座谈会，参会学者讨论得极为热烈。每个专题在讨论中都有不同的意见，其中争论最多的是"遗传的物质基础"和"环境条件与遗传变异"这两个问题：（1）从遗传学的定义上，是承认细胞中特定的遗传物质（基因）的存在，还是整个细胞的一点一滴的活质都有遗传性？（2）从环境对遗传的影响上，是环境影响改变的性状一般不能遗传，还是环境影响改变的性状是可遗传的，即获得性遗传？这恰巧就是孟德尔—摩尔根遗传学与"米丘林遗传学"，在科学认知方法上，当时最大的两个争论焦点。

在青岛遗传学座谈会召开前夕，翟中和（1930—　）与赵世绪（1932—　）、周嫦等刚从苏联学成回国，他们是青岛遗传学座谈会最

图 3.2.1 1956年青岛遗传学座谈会留影

（第一排左起：1 杨允奎，2 祖德明，3 童第周，4 武兆发，5 乐天宇，6 吴仲贤，7 何定杰，8 胡先骕，9 李继侗，10 李汝祺，11 谈家桢，12 周家炽，13 娄成后，14 李曙轩，15 方宗熙；

第二排左起：4 梁正兰，5 奚元龄，6 陈世骧，7 赵保国，8 余先觉，10 戴松恩，11 李竞雄；

第三排左起：2 陆星垣，5 唐世鉴，6 李璠，7 陈士怡，8 盛祖嘉，9 刘祖洞，10 黄宗甄，11 夏镇澳，3 黄青禾；

第四排左起：2 应幼梅，3 宋振能，6 王德宝，8 过兴先，9 施履吉，10 沈善炯，11 周嫦）

（注：图中只标记出第一排全部和后三排部分代表的姓名及位次。参与识图者：薛攀皋、胡晓江、冯永康）

年轻的参会者。在来青岛之前，翟中和就曾受到于光远的专门约谈，他向于光远比较详细地介绍了他在列宁格勒大学留学时，所感受到的宽松学术气氛。两人在北京的高教部招待所整整一个下午的谈话，使于光远第一次知道了原来在苏联的遗传学界，并非所想象的那样是铁板一块。[27]

参加座谈会的李汝祺、谈家桢、戴松恩、陈士怡、赵保国、吴仲贤、方宗熙、奚元龄、李竞雄、陆星垣等遗传学家，都深深感受到我国遗传学已经远远落后于国际先进水平，迫切期望能够迅速恢复遗传学的正常教学和研究工作。

受限于当时的认知，在与会代表的共同参与下，这次遗传学座谈会达成一些共同的认识：①摩尔根学说的研究和米丘林学说的研究都应当发展，并扩大研究领域；②建议中国科学院生物学部设立遗传学学术委员会，规划全国遗传学的研究工作；③在高等学校的遗传学课程中，摩尔根学说和米丘林学说的内容都应适当地介绍；④在其他生物学课程中，有关遗传学问题的片面观点必须纠正。[28]

青岛遗传学座谈会即将结束的最后一天晚宴上，许多与会的遗传学家喝了不少酒，十分兴奋。谈家桢本来已经有几分酒意，但却非常兴奋地大声宣称"我没有醉！我没有醉！"。李竞雄上台发言的第一句话就是："我是 Morganism！"他们的心情，代表着这一批遗传学家在精神上获得的又一次解放。[29]

历时 15 天的青岛遗传学座谈会召开期间以及会后的一段时间内，《人民日报》以"我国自然科学领域中百家争鸣的开端——生物学家集会讨论遗传学中的理论问题""遗传学座谈会在青岛结束——科学家们交流经验取长补短互相提高"等为主题，[30]《光明日报》以"关于遗传学的理论问题的讨论"[31]为专题，《科学通报》以"科学界动态——遗传学座谈会"[32]等，进行了会议全程的现场采访与跟踪报道，发表了与会科学工作者在会议上的发言摘要和介绍文章。

（3）《遗传学座谈会发言记录》的出版

1956 年 11 月 20 日，在中国科学院举行的第 30 次院务常务会议上，参会人员认真听取并讨论了生物地学部提出的关于遗传学座谈会的报告。汇报内容分为"座谈会的基本情况""学术问题""遗传学研究工作""遗传学教育工作""几点意见"等部分。

科学院的院务常务会议确认：1956 年 8 月 10 日至 25 日在青岛召开的遗传学座谈会，是党中央提出"百家争鸣"后的第一次全国性的学术讨论会。

会议还认为：鉴于在过去一段时间内，我国遗传学的研究方向不够明确，意见比较分歧，"为了有领导地发展遗传学，决定在生物学地学部设立遗传学学术委员会"；同时为了加强研究工作，决定在植物研究所遗传研究室的基础上扩建遗传学研究所，责成生物学地学部提出筹备方

图 3.2.2 《遗传学座谈会发言记录》（1957）

案。关于遗传教育工作的问题，会议建议由高等教育部、教育部根据遗传学座谈会的意见，进一步研究后作出决定。

会议同意将青岛遗传学座谈会的发言记录，作为内部文件刊印分发给有关机关、学校及座谈会的参加人员。[33] 1957 年 4 月，当时担任青岛遗传学座谈会会议总记录的宋振能，汇总了 56 位与会学者在会议上的发言内容，负责整理编辑成《遗传学座谈会发言记录》后，由时任生物学地学部学术秘书的过兴先撰写了前言，并送交科学出版社以作为内部资料[34]出版（图 3.2.2）。

1956 年 8 月召开的青岛遗传学座谈会，正如于光远在座谈会期间第二次（8 月 20 日）讲话中谈到的"我们提倡辩证唯物论，但是不赞成给某一科学学派，某一科学观点随便扣上一个唯心论或者形而上学的帽子。我认为随便给人扣帽子的人，就不是什么好的哲学家。我主张以前给摩尔根派戴的那顶'唯心论'的帽子，从这个会起，从今天起，应该摘掉。我认为只有这样，才符合党的百家争鸣的方针"。

由于受到"不打棍子，不扣帽子"的会议精神保护，纠正了当时政治上干扰学术问题的错误。参加青岛遗传学座谈会的遗传学家们，才能够把几年来压在心底的话，一股脑儿地倒了出来，在学术观点上可以直抒己见，从而打破了在这之前的科学界和教育界中的"一派独鸣"的不健康局面。

李汝祺认为：青岛遗传学座谈会，应该是中国遗传学发展的一个转折点，它打破了我国遗传学界较长时间的冻结状态。[35]学者们认为，青岛遗传学座谈会实际上是向学术界传递了一个重要的"信息"：党中央关怀着知识分子，关怀着他们的工作，关怀着科学事业的发展。

但是，如果我们从科学发展史上进行严格地审视，青岛遗传学座谈会还不能算作是一个学术争鸣的会议。正如李汝祺、李竞雄等在会议发言中都重点强调的那样："遗传学问题的讨论，在于要有共同的语言。"而参加会议的各方学者，恰恰缺乏建立在科学事实基础上的共同语言。

当时的国际遗传学界中，摩尔根及其合作者早已用实验证明了"基因在染色体上呈线性顺序排列"。艾弗里（O. T. Avery, 1877—1955）和他的同事一道，于 1944 年已经有了重要的发现。他们通过巧妙而又缜密的"肺炎双球菌的转化实验"，提供了 DNA 是遗传物质的第一个实验证据。艾弗里等人的研究结果，导致了 9 年后沃森—克里克提出"DNA双螺旋结构"模型，由此诞生了分子遗传学，谱写出了生命科学史上划时代的壮丽篇章。正如后来因"DNA 双螺旋结构模型"的提出而声名大振的沃森赞叹道："艾弗里的实验，使我们闻到了 DNA 是基础遗传物质的气息。"所有这一系列具有突破性的遗传学研究成果，对于我国的科学界来说，却都还处在一派茫然无知、浑然不觉的状态。在 1956 年的青岛遗传学座谈会上，参会的学者仍然纠结于"遗传的物质基础"问题争论不休。一些坚持"米丘林遗传学"的人，还固守着李森科提出的"遗传物质基础是细胞活质的一点一滴"的观点不放。

翟中和后来在接受访谈时，谈到 1956 年参加青岛遗传学座谈会的最深两点感受：①会议的确贯彻了"双百方针"的基本精神。②会议的召开纠正了过激作法，从而改变了遗传学和遗传学家的处境。[36]

1956 年 8 月青岛遗传学座谈会的召开，如同初秋时节的凉爽清风，逐渐吹散了压在中国遗传学家心中的沉重气息，又使科学界和教育界的学人们，看到了新的希望。

3. 青岛遗传学座谈会的会后报道与评论

青岛遗传学座谈会结束后，国内各大主要新闻媒体不仅继续进行追踪报道，参加座谈会的各方代表回到各省市后，也及时地组织召开不同形式的汇报会，进一步宣传中共中央提出的"双百"方针，传达青岛遗传学座谈会的主要精神。

（1）《人民日报》《光明日报》等新闻媒体的跟踪采访

青岛遗传学座谈会结束不久，在中共中央宣传部科学处工作的黄青禾和黄舜娥便接受《人民日报》的委托，撰写了《一个成功的学术会议——记青岛遗传学座谈会》一文。[37]该文对召开青岛遗传学座谈会的会议情况、争论的主要问题等做了概括的介绍。文章正式发表前，由当时中宣部科学处经过认真的讨论和修改，并征求了中国科学院有关领导的意见。从文章的通篇内容可以发现，受限于当时为青岛遗传学座谈会确定的"相互学习、取长补短"的基调，该文比较真实地反映了当时会议的基本内容，确定了青岛遗传学座谈会并非真正的学术会议，而是一个贯彻"双百"方针的样板会。

与此同时，《光明日报》在发布记者跟踪采访的《遗传学座谈会后记》[38]中称这次会议是一次富有重要历史意义的学术集会。会议不仅是在自然科学领域内"百家争鸣"的一个开端，也是我国米丘林学派和孟德尔—摩尔根学派在学术讨论上的首次接触，引起了国内科学界的高度关注。

一九五六年九月，中国共产党第八次全国代表大会在北京召开。党的八大的主要特点之一是有许多重要的大会发言，并且都一一刊登在《人民日报》上。于光远作为中共中央宣传部科学处处长，也有一篇《进一步加强党对科学工作的领导》的大会发言。[39] 在于光远的这篇发言中，他专门就中国共产党领导科学工作的问题，讲了四点意见，其中就包括党建议召开遗传学座谈会的经验。

参加青岛遗传学座谈会的部分遗传学家和生物学家在会议之后，也先后撰写了有不同认识观点的评论文章。如，谈家桢的《我对遗传学中一些问题的看法》[40]；祖德明的《各学派共同努力，把我国遗传学推向国际水平》[41]；方宗熙的《参加遗传学座谈会的一些体会》[42]；以及陈英的《遗传学上的百家争鸣——记青岛遗传学座谈会》[43]，等等。胡先骕在《科学通报》上发表了《"百家争鸣"是明智而必要的方针》的一文。他在该文中写道："今日政府号召在学术上要百家争鸣，在文学艺术上要百花齐放；并且指出科学不能强分为社会主义的或资本主义、封建主义的；甚至指明即使是唯心主义亦许其争鸣。这在全国向科学进军的伟大号召下，的确是一种明智而且必要的方针。"[44]

（2）各省区市举办形式多样的传达会议

参加青岛遗传学座谈会的学者回到各省区市后，纷纷举办了多种形式的学术活动，及时传达青岛遗传学座谈会的主要精神，讨论在遗传学界怎样落实"双百"方针。全国的科研、教育和出版部门，也分别做出了规定，开始改变过去支持一派、压制一派的做法。

　　1956年9月，北京大学在生物学系教学楼二楼的大教室，为贯彻"百花齐放　百家争鸣"的方针，召开了传达青岛遗传座谈会的争鸣会。李汝祺在会上做了重要发言。他谈道："遗传学就是遗传学，是研究'种瓜得瓜，种豆得豆''一母生九子，九子有别'的科学。"

　　同样是在新学期开学之际，北京农业大学组织了有近400人参加的遗传学问题座谈会，参加青岛遗传学座谈会的李竞雄、吴仲贤、娄成后，以及陈秀夫、周家炽、赵世绪等学者，继续就"遗传的物质基础""环境与遗传""染色体遗传学说"等问题，阐述了各自的学术观点。施平作为学校领导（也是青岛会议参加者）做了补充发言，并要求有关教研组本着百家争鸣的方针继续讨论，对今后遗传学的教学和研究工作提出意见，表示学校党组织和行政将尽力创设条件来满足大家的要求。[45]

　　1956年10月，中国动物学会上海分会、中国植物学会上海分会、中国畜牧兽医学会上海分会和中国园艺学会上海分会，也联合举办了有300多位生物科学工作者参加的青岛遗传学座谈会传达报告会，谈家桢传达了会议的基本精神，介绍了孟德尔—摩尔根学说的基本内容。[46]

4. 对青岛遗传学座谈会的重新审视

　　曾经作为贯彻"百花齐放　百家争鸣"方针（即"双百"方针）典型范例的1956年青岛遗传学座谈会，已经过去60多年了。当年参加会议并发言的生物科学工作者，目前健在的仅有施平、夏镇澳、翟中和赵世绪等。他们4人都处于高龄和体况欠佳的状态，不方便再度前往作亲临访谈。在这60多年的时间内，关于青岛遗传学座谈会对中国遗传学发展的影响以及与贯彻"双百"方针的历史意义的研讨，在生物学界、农学界及有关的学术研究机构中，以不同的方式都在进行着不间断的重新审视与评论。

（1）学术界举办纪念青岛遗传学座谈会的活动

　　1966年3—4月之间，在青岛遗传学座谈会召开后的10周年之际，中共中央宣传部在北京某宾馆，曾经组织召开了一次为"纪念青岛遗传学座谈会召开 10 周年"举办大型学术活动所做的小型准备会。前来参加这次准备会议的有胡含（1924—2016，中国科学院遗传研究所）、庚镇城（1932—　　，复旦大学）、汪向明（1928—2019，武汉大学）等遗传学工作者，共有 20—30 人。在只有一天的会期时间内，主要由时任中宣部科学处处长的于光远，主持会议并布置了明确的任务。他要求并安排前来参会的人员，代表各自的高等学校和科研机构，返回单位后积极准备就"贯彻'双百'方针 10 年来，在遗传学教学和研究领域中所取得的成就"，做好稍后举办大型纪念活动的专题发言与学术交流的材料。

据参加过"纪念青岛遗传学座谈会召开 10 周年"小型准备会的复旦大学庚镇城后来回忆，在这次会议之后不久，由于中共中央"5.16 通知"的发布，无产阶级"文化大革命"在全国范围内迅速展开，原定要召开"纪念青岛遗传学座谈会 10 周年"的大会，也就随之流产了。[47]

1986 年 8 月 21 日，中国自然辩证法研究会和中国遗传学会联合召开的"青岛遗传学座谈会暨'双百方针'提出 30 周年纪念会"，在北京的科学会堂举行。

这次规模不大的纪念会，仍然由当年以中共中央宣传部科学处负责人身份出席青岛遗传学座谈会的于光远主持。鲍文奎、吴旻（1925—2017）、胡含等在京的中国遗传学界的学者和李佩珊（1924—2004）、龚育之（1929—2007）、孙小礼等科学哲学理论界与科学史学界的学者，共20 余人出席了会议。李汝祺因高龄且多病未能参加，谈家桢从上海专门来信表示了对会议的关注和期望。在这次小型的纪念会议上，于光远、鲍文奎、胡含、黄季芳、李佩珊、陈英、黄宗甄、童克忠、吴旻、李璠、赵功民、龚育之等 10 余人，都先后做了专题发言，发言摘要收录在《遗传学与百家争鸣——1956 年青岛遗传学座谈会追踪调研》一书中。[48]

（2）青岛遗传学座谈会的撰文回忆与访谈记录

1985—1986 年期间，在青岛遗传学座谈会召开 30 周年之际，陆定一与于光远、龚育之、李佩珊、黄青禾等人，先后在《人民日报》《光明日报》和《党史通讯》《自然辩证法通讯》等学术期刊上，撰写并发表了有关回忆与反思性的文章。

1985 年，为了纪念青岛遗传学座谈会召开 30 周年，几位曾经在中共中央宣传部科学处工作过，又参加过青岛遗传学座谈会或参加过调查有关遗传学被批判情况的学者李佩珊、孟庆哲、黄青禾、黄舜娥等4人，在于光远的积极倡议下，共同编写了题为《百家争鸣——发展科学的必由之路》一书，该书的副标题为"1956年8月青岛遗传学座谈会纪实"，由商务印书馆出版。于光远为该书专门写了序言。该书汇集了与1956年青岛遗传学座谈会有直接关系的各种资料，包括：作为全书主体内容的《遗传学座谈会发言记录》（1957年4月科学出版社内部发行）；李佩珊、孟庆哲、黄青禾、黄舜娥合作撰写的《青岛遗传学座谈会的历史背景和基本经验》之文章；于光远在1956年青岛遗传学座谈会上的两次讲话；以及李汝祺、谈家桢、祖德明、方宗熙、陈英、黄青禾、黄舜娥等会后发表在报刊上的文章。该书还以附录的形式，编入了黄青禾为1956年青岛遗传学召开编写的内部学习材料——《1935—1956年苏联生物学界的三次论争》的全文。[49]该书出版后，曾经引起了学术界的广泛关注，对中国遗传学的发展产生了一定的影响。

1986年，龚育之指导的硕士研究生任元彪、曾健、周永平、蒋世和等人，按照导师提出的建议，拟定了"青岛遗传学座谈会三十周年调研提纲"，并向全国各地的遗传学家发出了调研信。之后他们分别前往北京、上海、武汉、南京等地，对1956年8月参加过青岛遗传学座谈会，且当时还健在的部分老先生以及一些当事人，做了亲临访谈。在此基础上，整理、编写并出版了《遗传学与百家争鸣——1956年青岛遗传学座谈会追踪调研》一书。[50]该书记录了被访谈的中国老一辈遗传学家和科学史学家，从不同角度和不同层面对1956年青岛遗传学座谈会所做的重新审视与评述。

1998年8月中旬至2001年11月下旬，笔者利用参加学术会议的间隙，曾经多次前往北京市沙滩北街乙2号大院（图3.2.3），就中国遗传学史的研究，专程拜访并请教了著名科学史学家李佩珊。

李佩珊于1954—1966年期间，在中共中央宣传部科学处工作，并担任党支

图 3.2.3　笔者冯永康访谈李佩珊先生时的合影（2001.11）

部书记。她还先后担任过中国科学技术史学会秘书长、副理事长，中国自然辩证法研究会常务理事，国际科学史与科学哲学联盟科学史分部（IUHPS/DHS）理事等职。她先后参与主编了《20世纪科学技术简史》《百家争鸣——发展科学的必由之路——1956年青岛遗传学座谈会纪实》《科学战胜反科学——苏联的李森科事件和李森科主义在中国》等科学史专著。

李佩珊是中国科学史事业的推动者和实践者，她以开阔的学术视野和出色的组织能力，为中国科学史事业在世界舞台上拥有一席之地奠定了基础。

在第一次访谈中，当笔者问到"20世纪50年代遗传学的'百家争鸣'"情况时，李佩珊一一有序地道来："1956年召开的青岛遗传学座谈会，作为如何贯彻'双百'方针的示范，使对遗传学或者一些其他自然科学的'学术批判'在政策上基本得到了解决。"[51]同时，她还专门提到并借阅了部分重要的文献史料，如李佩珊的《中宣部处理遗传学问题始末》、薛攀皋的《"乐天宇事件"与"胡先骕事件"》给笔者，要求笔者认真地研读，从中领会其真谛。[52]

李佩珊在后来接受访谈时反复强调："中国遗传学家之所以得到一定的解放，是因为中国共产党在苏共20大之后，在总结1949—1956年期间'全盘学习苏联'的经验教训中，结合当时苏联科学界的动向和中国遗传学家的呼声，提出了在科学研究中，贯彻实行'百家争鸣'的方针。"[53]

科学技术史与文化哲思
遗传学在中国的
初创与曲折变迁

106

注释：

[1] 石希元.李森科其人[J].自然辩证法通讯，1979（1）：76.

[2] 逄先知，金冲及.《论十大关系》发表前后[J].百年潮，2003（12）：22.

[3] 薄一波.若干重大决策与事件的回顾（上）[M].中共中央党校出版社，1991：492-493.

[4] 陆定一.百花齐放，百家争鸣（一九五六年五月二十六日在怀仁堂的讲话）[N].人民日报，1956年6月13日.

[5] 李佩珊.科学战胜反科学——苏联的李森科事件及李森科主义在中国[M].北京：当代世界出版社，2004：202.

[6] 薛攀皋，季楚卿，宋振能.中国科学院生物学发展史事要览[M].中国科学院院

史文物资料征集委员会办公室，1993：250.

［7］于光远.百家争鸣是发展科学的必由之路［J］.科学新闻，2006（17）：47-48.

［8］吴仲贤教授谈遗传学教学问题［J］.新华半月刊，1956（17）：109-110.

［9］同［6］，第251页.

［10］李佩珊，孟庆哲，黄青禾，黄舜娥.百家争鸣 发展科学的必由之路——1956年8月青岛遗传学座谈会纪实［M］.北京：商务印书馆，1985：321-323.

［11］笔者于2019年10月电话访谈薛攀皋先生.

［12］任元彪，曾健，周永平，蒋世和.遗传学与百家争鸣——1956年青岛遗传学座谈会追踪调研［M］.北京：北京大学出版社，1996：15.

［13］包汉中，汪祥云.百岁老战士施平的传奇人生（4）［N］.新民晚报，2015年1月18日.

［14］遗传学座谈会会务小组.遗传学座谈会发言记录［M］.北京：科学出版社，1957：3.

［15］同［14］，第1-3页.

［16］于光远.一九五六年在青岛遗传学会上的两次讲话［J］.中国科技史杂志，1980（1）：12-21，75.

［17］苏宗伟，高庄.竺可桢日记Ⅲ（1950—1956）［M］.北京：科学出版社，1989：700-701.

［18］同［14］，目录1-3页.

［19］于光远，李佩珊.半个世纪前的一场争论［J］.科技文萃，2002（8）：96.

［20］李佩珊，孟庆哲，黄青禾，黄舜娥.发展科学的必由之路——谈青岛遗传学座谈会的历史背景和基本经验［J］.党史通讯，1985（12）：23.

［21］同［14］，第12页.

［22］同［14］，第133页.

［23］同［14］，第111-114页.

［24］同［14］，第54-56页.

［25］同［14］，第12-20页.

［26］同［14］，第69-74，88，133-134，181-184，185，210，212，244-251，260-261，274-277页.

［27］钱炜.1956年青岛遗传学会议："双百方针"的试验场［J］.中国新闻周刊，2011（29）：75.

［28］同［14］，第265-281页.

［29］同［7］，第48页.

［30］我国自然科学领域中百家争鸣的开端——生物学家集会讨论遗传学中的理论问题［N］.人民日报，1956年8月12日第7版；遗传学座谈会在青岛结束——科学家们交流经验取长补短互相提高［N］.人民日报，1956年8月26日第7版.

［31］光明日报记者记录（8月23日、25日、27日、30日、9月1日）.关于遗传学的理论问题的讨论［J］.新华半月刊，1956（19）：118-125.

［32］黄谷.科学界动态——遗传学座谈会［J］.科学通报，1956（10）：69-70.

［33］生物学地学部.关于遗传学座谈会的报告（1956年11月20日向院务常务会议的报告）［J］.中国科学院年报，1956：175-181.

[34] 同[14], 封面, 扉页, 目录, 前言, 第 1–285 页.

[35] 同[12], 第 15 页.

[36] 同[12], 第 78 页.

[37] 黄青禾, 黄舜娥. 一个成功的学术会议——记遗传学座谈会[N]. 人民日报, 1956 年 10 月 7 日第 7 版.

[38] 李有明. 遗传学座谈会后记[N]. 光明日报, 1956 年 9 月 13 日第 1—2 版.

[39] 于光远. 进一步加强党对科学工作的领导(中共八大发言)[N]. 人民日报, 1956 年 9 月 27 日第 5 版.

[40] 谈家桢. 我对遗传学中一些问题的看法[N]. 人民日报, 1956 年 9 月 6 日.

[41] 祖德明. 各学派共同努力, 把我国遗传学推向国际水平[N]. 人民日报, 1956 年 9 月 15 日.

[42] 方宗熙. 参加遗传学座谈会的一些体会[J]. 生物学通报, 1956(10).

[43] 陈英. 遗传学上的百家争鸣——记青岛遗传学座谈会[J]. 农业科学通讯, 1956(10).

[44] 胡先骕. "百家争鸣"是明智而必要的方针文章[J]. 科学通报, 1956(8): 67–69.

[45] 北京农业大学师生座谈遗传学[N]. 人民日报, 1956 年 9 月 14 日第 7 版.

[46] 高震. 遗传学座谈会上海传达报告会记要[J]. 生物学通报, 1956(12): 56.

[47] 2020 年 10 月上旬, 冯永康通过电话和微信对复旦大学的庚镇城先生进行了多次访谈后获悉.

[48] 任元彪, 曾健, 周永平, 蒋世和. 遗传学与百家争鸣——1956 年青岛遗传学座谈会追踪调研. 北京: 北京大学出版社, 1996: 183–218.

[49] 李佩珊, 孟庆哲, 黄青禾, 黄舜娥. 百家争鸣——发展科学的必由之路——1956 年 8 月青岛遗传学座谈会纪实. 北京: 商务印书馆, 1985.

[50] 同[48].

[51] 1998 年 8 月 12 日, 冯永康在北京参加第 18 届国际遗传学大会期间, 第一次登门访谈李佩珊先生.

[52] 2001 年 8 月 10 日, 冯永康在北京参加中国近现代科学技术史学术研讨香山会议时, 第二次登门访谈李佩珊先生.

[53] 2001 年 12 月, 冯永康在北京参加"中美全球环境行动会议"结束时, 第三次登门访谈李佩珊先生.

第三章　毛泽东等党中央领导人
关心中国遗传学的发展

1950 年代，在中国遗传学发展的多个关键时刻，以毛泽东为代表的中共中央领导人，以他们极其敏锐的洞察力和宽阔坦荡的胸怀，迅速作出多次英明决策，避免了中国遗传学重蹈苏联遗传学的覆辙。

1. 毛泽东亲自批阅人民来信，迅速平息"农大风波"

1949 年 9 月，时任刚组建的北京农业大学（含原北京大学农学院、清华大学农学院以及华北大学农学院）校务委员会主任的乐天宇，简单照搬和完全效法苏联李森科 1948 年批判和"消灭"孟德尔—摩尔根遗传学的一些做法，把"米丘林遗传学"称之为"新遗传学"，而把孟德尔—摩尔根遗传学称为"旧遗传学"，进而从阶级分析的角度，把"旧遗传学"贬为是"为资产阶级服务的"。

紧接着，乐天宇在北京农业大学宣布停止开设原有的遗传学、作物育种学、生物统计学等基础性的课程，另外开设由乐天宇自己编写并主讲的"新遗传学"。[1]由此，在农大的校园里引起了一场不小的风波，尤其是使群体遗传学家李景均受到很大冲击。

上述事件引起了中共中央有关部门的高度关注。新中国成立初期，中国共产党非常重视团结和改造知识分子。毛泽东、周恩来等中共中央领导人多次谈到"必须争取一切爱国的知识分子为人民服务"。

1950 年 7 月 16 日，毛泽东批阅了自下而上报送来的两封来信。一封是乐天宇 6 月 2 日写给刘少奇的为自己辩护的信，一封是农大教员写的反映农大问题的信。毛泽东在第一封信上批示："这个报告里所表现的作风是不健全的，乐天宇思想中似有很大的毛病。"在第二封信上批示："必须彻查农大领导，并作适当的处理。此件应与乐天宇六月二日的报告一并讨论。"[2]紧接着，《人民日报》发表了专门文章，要求对这些破坏党的知识分子政策的过火行为，加以迅速地纠正与规范。

为此，教育部、农业部、林垦部、科学院共同组织"农大问题"联合调查组，经过两个多月的调查，于 1951 年 3 月宣布撤销乐天宇的北农大校领导职务，调换到刚刚成立的中国科学院遗传选种实验馆担任馆长一职。[3]

1952 年 4 月，鉴于乐天宇在遗传选种实验馆继续犯有"无组织、无纪律、脱离群众的学阀作风和学术工作上的非马克思主义倾向"等严重错误，由中国共产党中国科学院支部大会决议给其留党察看的处分，并撤销乐天宇的馆长职务。同时，政务院文教委科学卫生处和中国科学院计划局联合召开了三次生物科学座谈会，最后形成发表在《人民日报》6 月 29 日的题为《为坚持生物科学的米丘林方向而斗争》的长篇文章。[4]这样，"农大风波"才暂时得到平息。

2. 毛泽东 4 次接见谈家桢，
鼓励他"要大胆把遗传学搞上去！"

1956 年 8 月召开的青岛遗传学座谈会，是为了贯彻落实中共中央提出的"百花齐放 百家争鸣"的方针，在我国自然科学领域进行的一次具有示范意义的会议。当然也必然引起党的最高领导人毛泽东的密切关注。

1957 年 3 月，谈家桢作为党外知识分子的代表，出席了在中南海怀仁堂召开的中共中央宣传工作会议。会议休息间隙，陆定一将谈家桢介绍给毛泽东。毛泽东在与谈家桢握手时说道："哦！你就是遗传学家谈先生啊！"在短短的交谈中，毛泽东不仅认真听取了谈家桢关于青岛遗传学座谈会议情况的简要汇报，还边听边不住地点头说："你们青岛会议开得很好嘛！要坚持真理，不要怕，一定要把遗传学研究工作搞起来。"[5]

在这之后，毛泽东又先后 3 次（1957 年 7 月在上海、1958 年 1 月在杭州西湖、1959 年国庆在北京）接见了谈家桢。每一次见面，毛泽东都是首先询问中国遗传学发展的情况，并用他特有的风趣话语，轻松化解谈家桢的困惑，打消他心中的顾虑。当毛泽东得知遗传学的研究还遇到很多的阻碍时，就用坚定的口气对谈家桢说："有困难，我们一起来解决。要大胆把遗传学搞上去！"

1966—1967 年，谈家桢被打成"资产阶级反动学术权威"下放到上海郊区罗店农村监督劳动。又是毛泽东在中共八届十二中全会上，用他那惯常的口吻，似是不经意地，却又是字字落地有声说了一句话："谈家桢还可以搞他的遗传学嘛！"[6]才使谈家桢得到暂时的解放，回到了复旦大学。毛泽东的关怀鼓舞着谈家桢，在当时极为艰难的环境下，他心中只有一个信念：一定要把毛主席关心的中国遗传学搞上去。

从 1950 年代开始就多次关注中国遗传学的发展的毛泽东，到了1974 年已重病在身时，仍时时牵挂着与中国的农业、中国国民经济发展有着密切关系的遗传学事业，牵挂着他的上海朋友谈家桢。是年冬天，毛泽东派出长期从事农垦事业的王震将军前往上海，向谈家桢转达口信："这几年怎么没有见到你发表的文章？有什么话还可以说嘛！"短短的一句话，不仅表达了毛泽东对谈家桢的关爱和期望，也表达了毛泽东对中国遗传学事业的关心和期待。[7]

毛泽东的多次亲切接见与热情鼓励，使谈家桢深切地感受到来自党和国家最高领导人对发展中国遗传学的满怀期望与大力支持，增添了他"把中国遗传学搞上去"的信心、勇气和力量。

青岛遗传学座谈会之后，谈家桢率先在复旦大学开始招收遗传学专业的本科生；恢复招收遗传学专业的研究生和进修生；同时，谈家桢又在国内高等学校中创建了第一个遗传学研究所，并带领着他的弟子们开展起以猕猴为材料的辐射遗传学实验研究。

3. 毛泽东亲自为李汝祺的文章加写《人民日报》编者按，指引科学发展的方向

1957 年 4 月 29 日，《光明日报》发表了李汝祺撰写的《从遗传学谈

百家争鸣》文章。[8]该文中写道：从遗传学上看，百家争鸣方针"对于鼓励独立思考、促进科学家的团结以及推动科学研究等，都起到了很大的作用""在学术方面，是非曲直，惟有通过争辩才能搞得清清楚楚，所谓真理愈辩愈明就是这个道理。"在过去学习苏联的过程中，"只许一家独鸣，这在遗传学方面表现得最为突出，其后果如何是大家所熟悉的。一家独鸣只能引起思想僵化……"。真理只有一个，遗传学也只有一个，将来应该只有"家"而没有"派"。文章还强调：要想达到上述目的，必须实事求是地认真开展研究工作，而为了开展研究工作，又必须保证科学家的工作时间和提供必要的工作条件，等等。

毛泽东在读到李汝祺的这篇文章后，十分赞同文章中的观点。第二天他便写信给胡乔木："此篇有用，请在《人民日报》上转载。"[9]

毛泽东还亲自将该篇文章的题目改为《发展科学的必由之路》，把原来的题目作为副标题，并代拟了《人民日报》编者按。[10]编者按写道："这篇文章载在4月29日的光明日报，我们将原题改为副题，替作者换了一个肯定的题目，表示我们赞成这篇文章。我们欢迎对错误作彻底的批判（一切真正错误的思想和措施都应批判干净），同时提出恰当的建设性的意见来。"

1957年5月1日，《人民日报》全文转载了李汝祺的文章（图3.3.1）。

图 3.3.1 《人民日报》（1957 年 5 月 1 日）转载李汝祺的文章

正是毛泽东在关键时刻多次出面表态与公开支持，李汝祺、谈家桢等中国遗传学家，才能够顶住来自各个方面的压力、克服很多意想不到的困难，始终坚持在各自的研究领域，从事遗传学的教学和实验研究工作，从而使中国遗传学事业得以延续。

4. 陆定一等对违背"双百"方针的 学术批判提出严厉批评

1957年在全国范围内开始的反"右派"斗争，1958年在高等学校开展的以"拔白旗"为标志的对资产阶级学术思想的批判，以及1959年的反"右倾"等运动，极大地冲击了青岛遗传学座谈会召开后所开创的贯彻"双百"方针的良好局面。在全国各地的高等学校和生物学、农学研究机构中，再次出现了一个政治与学术搅和在一起，令人困扰、困惑的艰难境况。

刚好也就在这期间，苏联赫鲁晓夫上台后，出于他自身政治的需要，由他之前对李森科反遗传学那一套的不屑一顾，转向扶植和支持李森科对遗传学的批判。该消息一传到国内，过去那些国内的李森科追随者们，再一次掀起了在各地批判遗传学的浪潮。相信孟德尔—摩尔根学说的遗传学家，又一次受到影响。如，武汉大学的余先觉，[11]湖南农学院的裴新澍，[12]湖南医学院的卢惠霖，[13]等等。

这些案例很快就引起了中共中央宣传部领导的高度关注。中宣部科学处及时派出工作人员到全国各省区市进行了实地调查（包括现场听取申诉、参加基层的辩论会等），然后将发现的问题整理成简报，并分别送至中宣部和中国科学院。

陆定一从各地上报来的材料中得知，一些地方在贯彻中共中央提出的"百花齐放 百家争鸣"方针上，发生了严重的问题。在1960年10月召开的各省市委文教书记会议上、在1961年1月召开的全国重点高等学校工作会议以及一些小型工作会上，陆定一都曾多次批评某些大学在青岛遗传学座谈会后，再次开展批判摩尔根遗传学的错误；批评过去在停授遗传学课程时，连细胞学课程也停开的错误；批评这些学校的领导没有贯彻党中央提出的"百家争鸣"方针等。[14]

1960 年底，时任中宣部副部长的周扬到湖南省视察工作时，对于湖南省委支持重新批判摩尔根遗传学的做法，也提出了严厉的批评[15]。

1961 年 3 月，中共中央的理论刊物《红旗》杂志在第 5 期上，发表了题为《在学术研究中坚持百花齐放百家争鸣的方针》的重要社论。[16]该社论重申了"双百"方针是"促进科学进步"，是"发展社会主义社会的科学事业的一个积极的方针"，要求我国的学术界"应当继续贯彻这一方针"。紧接着，《人民日报》《光明日报》等报刊，也做了及时的转载。

《红旗》杂志社论发表后，陆定一又在全国一些重要的会议上批评了武汉大学批判余先觉的错误做法。[17]周扬在全国科协代表大会上所做的长篇报告中，也主要针对遗传学，就科学家的政治立场、哲学思想和世界观同科学成果和学术思想的关系做了明确阐述，受到了广大科学家的欢迎。[18]

1961 年，由卫生部党组书记徐运北和中宣部体育卫生处处长沙洪等带领的中央文教调查小组来到了湖南医学院。调查小组深入该校的生物学教研组，主持了关于"批摩尔根学说问题"的辩论会。他们通过调查，肯定和支持了卢惠霖的意见，认为摩尔根遗传学说是合理的，并指出湖南医学院进行的这场"学术批判"运动，是违背党中央关于"百花齐放百家争鸣"方针的原则性错误。[19]

在陆定一、周扬等中央领导人的多次关注与强有力的纠正下，不仅使受到错误批判的卢惠霖、裴新澍等遗传学家得到了及时的甄别和平反，同时也有效地制止了在全国范围内发生更大的对遗传学的批判。

科学技术史与文化哲思
遗传学在中国的
初创与曲折变迁

114

注释：

[1] 李佩珊. 科学战胜反科学——苏联的李森科事件及李森科主义在中国[M]. 北京：当代世界出版社，2004：140-141.

[2] 龚育之. 陆定一与乐天宇事件和胡先骕事件[N]. 学习时报，2006 年 8 月 21 日第 3 版：1.

[3] 黄青禾. 农大风波与青岛会议[J]. 百年潮，2002（1）：15.

[4] 同[1]，第 148-149 页.

[5] 张光武. 毛泽东与谈家桢[M]. 北京：华文出版社，2012：119-120.

[6] 同[5]，第 158-159 页.

[7] 同[5]，第 165-166 页.

［8］李汝祺.从遗传学谈百家争鸣［N］.光明日报,1957年4月29日第2版.

［9］龚育之."发展科学的必由之路"(介绍毛泽东同志为转载《从遗传学谈百家争鸣》一文而写的一封信和一个按语)［J］.科学学研究,1983(1):3.

［10］李汝祺.发展科学的必由之路——从遗传学谈百家争鸣［N］.人民日报,1957年5月1日第7版.

［11］同［1］,第222-223页.

［12］同［1］,第222页.

［13］同［1］,第219-221页.

［14］同［1］,第225页.

［15］同［1］,第225-226页.

［16］社论:在学术研究中坚持百花齐放百家争鸣的方针［J］.红旗,1961(5):1-5.

［17］于光远,李佩珊,黄青禾,黄舜娥.陆定一与百家争鸣方针在遗传学中的运用［J］.炎黄春秋,1996(10):11.

［18］同［1］,第226页.

［19］刘笑春.探索生命奥秘的人——遗传学家卢惠霖教授［J］.中国科技史杂志,1980(3):45.

第四章　青岛遗传学座谈会后
遗传学教学走向正常状态

　　1956 年青岛遗传学座谈会召开后不久，在中国科学院遗传学研究工作委员会的成立会议上，又专门对高等学校遗传学的专业设置、培养目标、课程安排、招生人数和吸收进修生等，提出了一些具体要求，并希望高等教育部和中国科学院利用假期举办遗传学专题讲座，开展全国范围内的遗传学问题大讨论。会议还就翻译、影印国外遗传学期刊、书籍以及编纂遗传学词典、遗传研究机构的设立等问题，进行了具体的酝酿和讨论。[1]

1. 全国范围内的遗传学问题大讨论

　　1961 年《红旗》杂志第 5 期社论的发表，重新点燃了遗传学问题在全国范围内的大讨论。《光明日报》派出记者不间断地访问了中国遗传学界持有不同学术见解的学者，调查了解了青岛遗传学座谈会后的几年间，各地学术讨论的情况，重温了毛泽东对李汝祺文章加写的《人民日报》按语。

　　与此同时，《光明日报》在第二版上开设专栏，组织了有关遗传学问题大讨论的多篇文章。从 1961 年 2 月到 8 月，该报先后刊载了李汝祺的《细胞遗传学的现状与展望》、[2]谈家桢的《发展遗传学的道路》、[3]鲍文奎的《谈谈摩尔根学派》、[4]刘祖洞的《摩尔根遗传学与医学的关系》、[5]李竞雄的《遗传学的实践与发展（对光明日报记者的谈话）》、[6]盛祖嘉的《摩尔根遗传学与现实生活》、[7]方宗熙的《论基因概念——批判地接受摩尔根基因学说》、[8]蔡以欣的《摩尔根遗传学与农业实践》、[9]以及祖德明的《遗传学的学术讨论和实践（对光明日报记者的谈话）》、[10]米景九的《遗传学讨论的几个问题》、[11]梁正兰的《如何对待遗传学上争论》[12]等多位遗传学家先后撰写的文章。

1961年8月24日，谈家桢在接受《光明日报》记者访问时谈到，对这一次长达半年多时间的遗传学问题的专题讨论，是比较满意的。它对活跃青年人的学术思想具有显著的效果。他还着重谈到，目前要说的话都说得差不多了，接下来是应该切切实实地做一些遗传学的教学和实验研究工作了。[13]

在这期间，《人民日报》《文汇报》等报刊，也刊载了不少有关遗传学问题大讨论的文章。

2. 全国高等学校重开遗传学教学的大致情况

根据童第周在青岛遗传学座谈会闭幕式上的讲话精神："在高等学校的遗传学课程中，摩尔根学派和米丘林学派的内容都应该适当地介绍，在其他生物学课程中，有关遗传学问题的片面观点必须纠正"[14]，谈家桢在座谈会后曾几度赴京，为在复旦大学尽早恢复停讲多年的遗传学教学，殚精竭虑地奔走呼吁。1956年9月，谈家桢首先在复旦大学办起了全国第一个专门讲授遗传学理论的研究班，开始招收研究生和进修生，以加快培养遗传学的研究人才。

对首开遗传学研究班这个新生事物，谈家桢倾注了很多精力。他先后组织和引领了多位第一流学者为刚开设的研究班授课。由刘祖洞使用国际上通用的辛诺特（E. W. Sinnott）和邓恩（L. C. Dunn）著，周承钥、姚钟秀翻译的《遗传学原理》（*Principles of Genetics*）教科书，讲授细胞遗传学；同时讲授人类遗传学和生物统计学。由盛祖嘉主要取自魏格纳（R. P. Wagner）编著的《遗传与代谢》一书的内容，讲授微生物遗传学。沈仁权则开设生物化学。由谈家桢本人使用杜布赞斯基的《遗传学与物种起源》作教材讲授进化遗传学，并承担《辐射生物学》和《群体遗传学》等课程的教学。此外，由高沛之对比多种遗传学观点讲授"达尔文主义"课程，由王宗清、项维讲授细胞学等。

同时，谈家桢还请来朱洗、庄孝德给研究班的学员讲授动物发育学。当时刚从国外回来的施履吉，也被谈家桢聘请为复旦大学生物系兼职教授给学员们讲课。

根据遗传学研究班的教学安排，除了专业基础理论的教学外，谈家桢也带领学员们到上海市郊区采集果蝇，由蔡以欣协助指导学员们在实验室里做果蝇遗传学的实验。[15]

多年后，遗传学研究班的学员庚镇城在回忆起当年的求学情景时，仍然感慨万分。他谈道："我曾无数次踏进谈先生的办公室和刘先生、高先生的办公室，请他们答疑解惑，受益良多。光阴荏苒，岁月蹉跎。许多往事都已忘却，然而当年初次见到谈先生的情景，依然鲜活地保留在我的脑海中。因为那一刻，是我科学教育人生的一次重大转折的开端。从谈先生那里，从授课的先生们那里，我不仅汲取到丰富的遗传学知识，也得到了先生们执著追求、坚持科学精神的熏陶。"庚镇城还谈道："当时，刘祖洞先生的课宛如一把利剑，打破了李森科之流对我国遗传学界的多年桎梏，使真理的光芒重新开始照耀我国的大地。"[16]

据谈家桢另一弟子赵寿元（1931—2021）回忆："青岛遗传学座谈会以后，全国就复旦大学有了真正的遗传学专业，其他的农业学校有的还是教以前的'新遗传学'。我是1956年考进复旦大学生物学系的，念完两年级到三年级分专业时，由每个人自己先填报志愿，然后党支部讨论分配。我因为是党员，被党支部安排去了遗传学专业。当时全国高等学校在开设遗传学课程时，还分为遗传学甲和遗传学乙两门课程。遗传学甲就是现在学的遗传学，即摩尔根遗传学；遗传学乙学的则是'米丘林遗传学'。刘祖洞先生承担的遗传学教学，教得实在是精彩。他不是单纯地讲述教条的知识，而是针对'米丘林遗传学'进行批驳，把遗传学的精髓都讲出来了。他说如果上了他的课之后，还有人相信'米丘林遗传学'，那就是他的失败。所以他的课是他坚持科学真理的感情投入，有一种强烈的感染力。听了他的课以后，的确觉得'米丘林遗传学'是胡说八道、强词夺理。刘祖洞先生对当代遗传学发展的趋势、前景以及遗传学严密的逻辑性都讲得很清楚。上了他的课后，我头脑里就觉得基因是

遗传学研究的核心问题。"[17]

从1960年开始,复旦大学生物学系培养出来的遗传学专业的学生(图3.4.1),在学业完成之后,都摈弃了李森科伪科学的那套虚假说教,坚定地信服了建立在严格的科学实验基础上的摩尔根遗传学。之后,他们在各自的遗传学教学或科研工作中,传播和发展真正科学的遗传学。[18]

图3.4.1 复旦大学生物学系遗传学专业第一届本科毕业生留影(1960)

前排左起:1章振华、2葛扣麟、3刘清琪、4吴融、5刘祖洞、6盛祖嘉、7谈家桢、8王鸣歧、9张忠恕、10蔡以欣、11蔡曼倩、12朱定良、13乐云仙

后排左起:1王文华、3、6邱信芳、8薛京伦、9章道立、12雷肇祖、15李次蓝

在北京大学,李汝祺参加青岛遗传学座谈会后刚一回到学校,便着手准备尽快恢复普通遗传学(孟德尔—摩尔根遗传学)课程的教学。为了开好这门已经多年没有讲授、也没有几人能够讲授的遗传学课,他首先对当时担任其助教的吴鹤龄(1929—),安排了遗传学理论和实验操作技术的系统学习。

在李汝祺的指导下,吴鹤龄抓紧有限的时间静心研读了辛诺特和邓恩著的《遗传学原理》教科书,初步熟悉和掌握了遗传学的基础知识。在当时北大简陋的实验条件下,他选用蝗虫精囊为材料,经过压片、染色等实验操作,观察减数分裂和有丝分裂中染色体的行为,加深了对书本上所讲的遗传学上的分离定律和自由组合定律,以及有关染色体结构和功能内容的理解。[19]他还对青岛遗传学座谈会的发言记录认真阅读,写成《"论什么是遗传的物质基础"一文的商榷》等文章,参与遗传学问

吴鹤龄长期得到导师李汝祺在治学态度和教育科研工作等方面的耳濡目染与言传身教（图 3.4.2），迅速成长为一名优秀的遗传学教育工作者。他不仅在北京大学几十年如一日的遗传学教学中成绩显著，在遗传学的科学研究上成果丰硕；也在以后的中国

图 3.4.2　李汝祺（右）在指导弟子吴鹤龄（1964）

遗传学会的工作等方面，为坚持科学真理、为全国其他高等学校遗传学教师专业水平的提高，发挥了引领与指导作用。

从 1957 年秋季开始，北京大学正式招收动物遗传学专业的本科生（在此前招收的动物学专业 1955 级、1956 级，也名正言顺地改为动物遗传学专业）。李汝祺与吴鹤龄等一道，为动物遗传学专业和生物学其他专业，传承与弘扬摩尔根"教而不包"的教学方式，开设了细胞遗传学基本原理等专业课程。同时，李汝祺还特地请来北京农业大学的吴仲贤系统传授群体遗传学课程，请来李竞雄讲授玉米的双杂交等遗传育种学知识。

戴灼华、邓鸿德、潘惟钧、王凤才、杨树勋等北京大学 1955 级动物遗传学专业的毕业生，在回忆起当年的遗传学课堂时，还清楚地记得李汝祺对摩尔根遗传学真谛的诠释：深入浅出、幽默风趣与生动而富有逻辑性的讲授，以及孜孜不倦地与学生亲切交谈，提出问题让学生思考，重在启发学生的思维和培养分析能力的"教而不包"的教学方法，让他们不仅感受到遗传学的博大精深，也传承和弘扬了老一辈的严谨学风和敬业精神。[21]

在北京农业大学，自 1957 年上半年开始，李竞雄带领遗传学教研组的同事和助手，重新担负起遗传学教学的重担，开设停讲多年的遗传学课程。他率先在全校讲授普通遗传学，面向研究生讲授细胞遗传学。他还主编供全国高等院校通用的《普通遗传学》《遗传学专题补充》等教材，组织年轻的老师编写遗传学的实验指导。到 1963 年，短短的几年间，李竞雄就培养出以戴景瑞、许启凤等为代表的一大批有真知灼见的遗传学工作者。[22]此外，他还接受邀请，承担了北京师范大学的遗传学教学。[23]

蔡旭在农学系也恢复了作物育种与良种繁育等专业课程的讲授，并开始招收和培养作物遗传育种方向的研究生。[24]1955—1957 年，在教育部委托北京农业大学举办的"全国作物遗传育种进修班"上，为了让学员全面了解当时遗传学的发展，作为进修班班主任的蔡旭，还专门邀请了李汝祺、鲍文奎等在进修班开讲摩尔根遗传学的课程。[25]

吴仲贤回到他所热爱的遗传学讲坛，重新开设起动物遗传学、生物统计学等课程，并建立了果蝇遗传实验室。[26]1961 年，他将使用的教学讲稿做了多次修改，编写成《动物遗传学》教材，这是我国第一本该领域的教材。

由于 1950 年代后期全国仍然处于全盘学习苏联的现状，大多数高等学校都是按照青岛遗传学座谈会讨论达成的大致意见，在相关院系设立了遗传Ⅰ、遗传Ⅱ两个教研组，分别开设细胞遗传学与"米丘林遗传学"的课程。也有一部分高等学校，由于遗传学师资的缺失或者是思想认识上的问题，仅开设"米丘林遗传学"的课程，并一直延续到 1970 年代末期。

3. 谈家桢在全国范围内的遗传学教学巡回演讲

为适应国内高等学校陆续恢复遗传学课程的讲授对师资水平的要求，谈家桢应全国各地高等学校的邀请，先后到北京大学等高等学校进行遗传学问题的专题演讲。其中，影响最为深远的是 1961—1962 年，他的足迹遍布国内西北、西南和东北等地的高等学校所作的巡回式讲学。

谈家桢先后在兰州大学、四川大学、云南大学和沈阳农学院等高等学校，确定了《基因与遗传》为授课主题，进行现代遗传学理论的系统讲授。[27]他的讲课内容非常丰富，选用专门绘制的纸质教学挂图，配以有关遗传学的数据和表格，辅以恰当的手势，声情并茂地从孟德尔的遗传定律，一直讲到沃森－克里克关于 DNA 双螺旋结构的发现，将遗传学发展的整个历史贯穿课程的始终。他授课的具体内容依次为：孟德尔的分离定律和自由组合定律、细胞学与孟德尔定律、摩尔根的果蝇实验和连锁交换定律、基因和性状发育、数量性状的遗传、基因和代谢、基因突变、基因的化学结构和功能、基因与进化、基因与育种等遗传学的基础知识和基本理论。[28]

时隔 50 多年后，四川大学的罗鹏（1926—　）在回忆起谈家桢当年的遗传学讲学内容时，仍然记忆犹新。他谈到正是这次遗传学课程的系统学习，使包括他在内的不少生物学工作者，对经典遗传学和分子遗传学的内容有了比较全面的认识和理解，由此对清除李森科关于物种的荒谬理论在中国遗传学界的影响，起到了不可忽视的作用。[29]

谈家桢的遗传学巡回讲学之讲课记录（图3.4.3），后来在他的弟子高沛之、庚镇城等人的协助下，经过再一次的体系梳理、内容增添和重新改写，并加入了"遗传工程"等遗传学发展的最新内容后，以《基因和遗传》为书名，由北京科学普及出版社正式出版。[30]

图 3.4.3　谈家桢的《基因与遗传》讲课记录（1962）

4. 中学《生物学》课程的逐步恢复

在 1956 年青岛遗传学座谈会确定的六个讨论专题中，第十四次会议专门就"遗传学的教学问题"，由戴松恩、陈世骧、武兆发、方宗熙等作为四个会议讨论小组的召集人，分别代表各小组汇报了酝酿达成的一些共识。特别是在中学生物学课程的开设方面，大家一致同意在普通中学的高中学段，取消空洞费解的"达尔文主义基础"，改教普通生物学。

针对当时在青岛遗传学座谈会上，有人提出"师范院校培养的是中学教师，应该使他们系统掌握米丘林生物学的知识"的说法，胡先骕即席做了重要的回复性发言。胡先骕首先针对当时中学生物教学的现状，提出了十分中肯的批评。他在发言中讲道："我认为这几年中学生物教学的成绩相当不好。其原因是开设的达尔文主义基础课程，不能引起学生的学习兴趣和信任，先生也很烦恼，束手无策。我国的学生初中念动植物学，到高中一跳就要念纯理论的达尔文主义，结果是学生学不好，都不愿意学习生物学了。我认为要发动大学教授和中学教师一起来编写课本，写出能深入浅出说明科学内容的教科书。高中生物学课程应该多讲生物学的基础知识，……给学生广泛而又全面的知识，并从发展的观念来看问题，把辩证唯物主义观点贯彻到教材中去，使学生能切切实实得到科学知识的熏陶。"[31]

按照 1952 年中央人民政府教育部颁布的经苏联专家审阅修订的第一个《中学生物教学大纲（草案）》[32] 规定，中学生物学教学的中心任务是"给学生巩固的、有系统的米丘林生物学的知识"。根据这一教学大纲精神，被迫删除了"遗传"篇的陈桢编写的《复兴高级中学教科书·生物学》（修正本）最终停止使用，全国所有的高级中学一律被要求统一改用人民教育出版社新编写的《达尔文主义基础》课本。在此课本中，很多是空瘪、教条般的哲学理论说教，宣扬的是李森科提出的"生物种内无斗争也无互助"等荒谬说法。这在当时的学生中以及社会上，均造成了思想认识上的混乱，对我国公民的科学素养以及唯物主义认识观的形成，产生了不良影响。

正是胡先骕、李汝祺、谈家桢、吴仲贤等生物学家的大力呼吁与积极建议，在青岛遗传学座谈会以后，中学生物学教学才开始逐步改用重新编写的高中《生物学》课本，包括"孟德尔遗传定律"等内容在内的生物学知识，又回到中学课堂教学中。

注释：

［1］宋振能.中国科学院遗传学研究工作委员会成立会议［J］.科学通报，1958（1）：32.

［2］李汝祺.细胞遗传学的现状和展望［N］.光明日报，1961 年 8 月 27—28 日.

［3］谈家桢.发展遗传学的道路［N］.光明日报，1961 年 4 月 2 日.

［4］鲍文奎.谈谈摩尔根学派［N］.光明日报，1961 年 3 月 11 日.

［5］刘祖洞.摩尔根遗传学与医学的关系［N］.光明日报，1961 年 5 月 5 日.

［6］李竞雄.遗传学的实践与发展（对光明日报记者的谈话）［N］.光明日报，1961 年 5 月 5 日.

［7］盛祖嘉.摩尔根遗传学与现实生活［N］.光明日报，1961 年 5 月 10 日.

［8］方宗熙.论基因概念——批判地接受摩尔根基因学说［N］.光明日报，1961 年 4

月 30 日.

［9］蔡以欣.摩尔根遗传学与农业实践［N］.光明日报，1961 年 8 月 11 日.

［10］祖德明.遗传学的学术讨论和实践（对光明日报记者的谈话）［N］.光明日报，
1961 年 6 月 14 日.

［11］米景九.遗传学讨论的几个问题［N］.光明日报，1961 年 6 月 7 日.

［12］梁正兰.如何对待遗传学上争论［N］.光明日报，1961 年 6 月 27 日.

［13］穆欣.毛泽东与《光明日报》［J］.新闻爱好者，1999（5）：8.

［14］遗传学座谈会会务小组.遗传学座谈会发言记录［M］.北京：科学出版社，
1957：285.

［15］2020 年 10 月 6 日冯永康通过电话访谈复旦大学庚镇城先生后，后者通过电
子邮件发来刚撰写的回忆文章：《复旦大学第一届遗传学研究生班的教学情
况——纪念谈家桢先生诞辰 110 周年》.

［16］庚镇城.写在谈老百年华诞来临之际［M］//赵寿元，金力.仁者寿——谈家桢
百岁璀璨人生.上海：复旦大学出版社，2008：166.

［17］赵寿元.生命中的一次偶然［M］//燕爽.复旦改变人生·笃志集［M］.上海：
复旦大学出版社，2005：115-121.

［18］2020 年 10 月 6 日，冯永康通过电话和微信访谈复旦大学庚镇城先生.

［19］吴鹤龄.缅怀我的恩师李汝祺教授.北京大学新闻网，北大人物，http：//
pkunews.pku.edu.cn/bdrw/137—175672.htm.

［20］吴鹤龄."论什么是遗传的物质基础"一文的商榷［J］.生物学通报，1957（7）：
45-47.

［21］吴鹤龄，戴灼华.李汝祺教授传［J］.遗传，2008（7）：808.

［22］戴景瑞.李竞雄先生的多彩人生［N］.中国农大校报，2010 年 9 月 25 日第 3 版.

［23］北京师范大学设"摩尔根遗传学"［J］.人民教育，1961（8）：59.

［24］常州市档案馆.小麦人生——蔡旭纪念文集［M］.北京：中国农业大学出版
社，2018：97，135.

［25］耿丽.用心付出 方得始终——李晴祺学术成长资料采集工程采集心得［N］.
中国科学报，2019 年 12 月 20 日第 8 版.

［26］张劳.事业常青藤——记我国动物数量遗传学科奠基人吴仲贤教授［J］.中国
家禽，2011（11）：64.

［27］赵功民.谈家桢与遗传学［M］.南宁：广西科学技术出版社.1996：166-168.

［28］赵寿元，金力.仁者寿——谈家桢百岁璀璨人生［M］.上海：复旦大学出版
社.2008：123-124.

［29］2019 年 3—4 月，冯永康访谈四川大学罗鹏先生.

［30］谈家桢，等.基因和遗传［M］.北京：科学普及出版社，1980.

［31］遗传学座谈会会务小组.遗传学座谈会发言记录［M］.北京：科学出版
社.1957：267-280.

［32］中央人民政府教育部.中学生物教学大纲（草案）［J］.生物学通报，1952（3）.

第五章　遗传学学术论著和
教材的翻译、编写与出版

1956 年的青岛遗传学座谈会召开后，为了有力地配合对全国高等学校和中等学校生物学教学内容的调整，以适应更多的生物学教师与遗传学研究人员及时补修孟德尔—摩尔根遗传学等基础课程的需要，具有丰厚的基本理论和实验技术积淀的部分遗传学家，陆续推出他们翻译的遗传学经典文献和编写的介绍遗传学理论与基础知识的系列文章。

1.《生物学通报》开设"遗传学讲座"专栏

早在 1952 年，全国科联根据当时政务院文化教育委员会的指示，为适应中学自然科学教学的需要，以帮助提高中学教学为目的，由国家级的有关学会分别负责编辑创刊了数学、物理、化学和生物学四种通报。《生物学通报》创刊后，受到全国科联和中国科学院等有关单位的大力支持与密切关注。

1953—1956 年期间，中国现代遗传学的开山宗师陈桢就借助中国科学院主管的《生物学通报》，利用他在 30 多年的金鱼变异、遗传与进化的研究中挖掘出来的大量文献史料，撰写发表了《关于中国生物学史》等系列研究文章，并由此在国内开创了中国生物学史教育与研究的先河。

1952—1956 年期间，顺应当时全国各行各业向苏联学习的热潮，《生物学通报》及时发表和转载了生物学界和农学界有关学习"米丘林遗传学"和批判孟德尔—摩尔根遗传学的文章。1956 年青岛遗传学座谈会召开之后，出刊情况有了改变。从 1957 年起，为配合中学生物学的教学，《生物学通报》专门开辟了"学术讨论""遗传学讲座"等固定专栏，陆续刊载介绍遗传学基本理论和基础知识的文章，给一线教师送上了久旱逢甘霖般的"科学营养"。

应《生物学通报》特别约稿，李汝祺编写了《遗传学的基本原理》系列讲稿。该刊先后刊载了：（1）遗传学的定义、方法与应用；（2）孟德尔在遗传学上的贡献；（3）孟德尔学说的巩固和发展；（4）细胞遗传学基础的奠定；（5）遗传的染色体学说；（6）染色体的异常变化；（7）性染色体与伴性遗传；（8）连锁遗传与染色体图；（9）基因的突变与引变；（10）位置效用与基因学说；（11）遗传与个体发育；（12）性别决定；（13）遗传与个体发育（二）等，共 13 讲。专题讲座较为全面并系统地介绍了遗传学发展史上的大量科学实验，通俗地阐述了孟德尔、摩尔根遗传学说的产生和发展。[1]

李汝祺的讲座系列文稿，后来经过修订汇集成书，取名为《细胞遗传学的基本原理》[2]，由科学出版社出版，以满足高等学校和中学的学子以及广大读者对遗传学知识的渴求与需要，至今仍不失为大中学生学习遗传学的重要读本。

紧接着，谈家桢、吴仲贤等著名遗传学家，也应《生物学通报》编辑部的专题约稿，在该刊的"学术讨论"等专栏上，先后撰写了《关于遗传的物质基础问题》[3]《遗传学在生物科学中的地位》[4]等一系列文章。

这里值得重点提及的是，作为中国海藻遗传学奠基人的方宗熙，在他的科学教育人生中，不仅是新中国生物学教科书的开拓者（1950 年代初期任人民教育出版社生物室主任），更是一生笔耕不辍的科普学者。

从 1952 年到 1985 年，方宗熙《生物学通报》上发表的研究论文就多达 40 余篇。这些文章，有指导教师怎样使用当时新编的中学生物学教科书的方法建议，更多的则是为中学生物学教师遗传学专业素养的快速提升，专门撰写的《孟德尔摩尔根主义与达尔文主义》[5]《分离规律及有关问题》《自由组合规律》《连锁互换规律——自由组合规律的例外》《线粒体的遗传学问题》《现代进化论》等有关遗传与进化方面的一系列

精品篇章。

到了 20 世纪 60 年代初期，为了配合《光明日报》组织的在全国范围内开展的遗传学问题大讨论，《生物学通报》继续刊登了李汝祺撰写的《细胞遗传学发展过程中的几个问题》[6]等有关遗传学教学的专题文章；同时也专门发布了谈家桢应北京师范大学生物学系、北京市动物学会和北京市植物学会联合邀请，所做学术演讲后整理而成的《遗传学在现代生物学中的成就和作用》的长篇文章摘要，[7]等等。

2. 遗传学教科书的翻译、编写与出版

1958 年，按照生物学家们在青岛遗传学座谈会上的建议，由奚元龄（1912—1988）翻译的辛诺特、邓恩、杜布赞斯基等再次修订编写的《遗传学原理》（1950 年第四版），终于在国内问世。[8]该书作为当时高等学校统一使用的教材，由科学出版社出版（图 3.5.1）之后在国内高等学校中一直使用到 20 世纪 80 年代初期。

1959 年，方宗熙编写出我国遗传学家自 20 世纪 50 年代以来编写的第一本高等学校遗传学教科书《细胞遗传学》，由科学出版社正式出版。[9]这本在中途曾经改名为《普通遗传学》的教科书，到 1984 年，已经连续修订再版了 5 次（图 3.5.2）。

图 3.5.1　奚元龄翻译的新版《遗传学原理》（*Principles of Genetics*）教科书（1958）

图 3.5.2　方宗熙编写的高等学校教科书《细胞遗传学》（1959）

这本教科书的出版与发行，使我国编写的遗传学教科书，在基本内容和专业水平方面，能够不断地紧随国际遗传学迅猛发展的步伐，滋养了数代高等学校的学子和中学生物学教师，从而有力地促进了我国遗传学研究和教育工作的发展。

在这期间，为了满足高等农业学校的遗传学和作物育种学教学与遗传育种的多方面的需求，北京农业大学的吴仲贤集多年对动物数量遗传学研究及收集的资料，综合和系统化了当时数量遗传学的全部理论，撰写了专著《统计遗传学》。[10]蔡旭等人编写了《普通遗传学》等教材。[11]

此外，中国农业科学院棉花研究所的冯泽芳和南京农学院的潘家驹（1921—2013），合作翻译了由 R. L. Knight 编著的《棉花遗传选种文献摘要（1900—1950）》[12]等。这些多样化的适合农学类专业的遗传学教科书和文献摘要，先后分别由科学出版社、农业出版社出版，供全国各地高等农业学校开设遗传育种学等专业使用。

3. 遗传学经典名著的翻译与《遗传学问题讨论集》的出版

图 3.5.3　孟德尔 著，吴仲贤 译《植物杂交的试验》(1957)

乘着青岛遗传学座谈会的春风，中国科学院直属的科学出版社还先后组织国内著名的遗传学家，翻译并出版了一系列有关遗传学发展史的经典文献。

1957 年，吴仲贤重新译校的遗传学经典论文——孟德尔的《植物杂交的试验》，（图3.5.3）由科学出版社以单行本形式出版。[13]

1987 年，庚镇城应捷克斯洛伐克布尔诺孟德尔纪念馆的邀请，参加纪念浦金野（J. E. Purkinje，1787—1869）诞辰 200 周年学术活动时，曾经带上吴仲贤的这个中译本，并把它赠送给了孟德尔纪念馆保存。该纪念馆馆长奥利尔（V. Orel，1926—2015）高兴地说：馆藏的孟德尔经典论文现在又多了一个语种的译本。吴仲贤重译的孟德尔《植物杂交的试验》经典论文，被孟德尔纪念馆收藏陈列，也可看作是为中国遗传学界争光的一件大事情。[14]

图 3.5.4　摩尔根 著，卢惠霖 译《基因论》（1959）

早年曾在摩尔根果蝇实验室里求学的卢惠霖，于 1948 年就已经翻译完成了被誉为遗传学圣经的摩尔根的《基因论》（图 3.5.4）。因受"米丘林遗传学"的严重干扰，该书稿被搁置封存达 10 年之久后，1959 年终于面向国内学人，由科学出版社出版。[15]

1964 年，为了配合全国综合性高等学校遗传学教学之需要，科学出版社还出版了由杜布赞斯基编著，谈家桢、韩安、蔡以欣翻译的名著《遗传学与物种起源》（*Genetics and the Origin of Species*）。[16]该译本被国际科学界称誉为 20 世纪的物种起源中文版专著，极大地拓展了中国遗传学工作者的学术研究视野。

1961—1963 年，由谈家桢领导的复旦大学遗传学研究所，主持编辑了《遗传学问题讨论集》第一、二、三册，[17]由上海科学技术出版社陆续出版。该讨论集汇编了有关"遗传学问题大讨论"的文章总计 81 篇。其中包括 20 世纪 60 年代初期在《人民日报》《光明日报》《红旗》杂志和《文汇报》等报刊，以及《科学通报》《生物学通报》《中国农业科学》《生物科学动态》《中国农报》等专门性的学术期刊上发表的文章。

图 3.5.5　《遗传学问题讨论集》第一、二、三册

《遗传学问题讨论集》的出版与发行，促使当时科学界和教育界的更多学人，能够清楚地了解和关心有关遗传学问题的讨论情况，了解遗传学研究的一些最新进展，这为尔后重建和发展中国的遗传学，起到了积极的铺垫作用。

1956年青岛遗传学座谈会之后到20世纪60年代中期，李汝祺、谈家桢、吴仲贤、方宗熙等遗传学家，在全国各地先后作了遗传学学术演讲，在高等学校与中学进行了师资培训，在学术期刊上发表了系列专栏文章，以及进行遗传学经典名著的翻译、遗传学教科书的编写、遗传学问题讨论集的汇编等。这一连串多样化的遗传学学术活动，对于匡正遗传学在中国的发展方向，对于引领高等学校的遗传学教育教学，对于当时高等学校、生物学研究机构中不少生物学教师和研究人员学术思想的拨乱反正，对于遗传学教学与研究的专业人才的培养和储备，都功不可没。[18]

注释：

［1］李汝祺.遗传学的基本原理（13讲）［J］.生物学通报，1957（3）—1958（3）.

［2］李汝祺.细胞遗传学的基本原理［M］.北京：科学出版社，1981.

［3］谈家桢.关于遗传的物质基础问题［J］.生物学通报，1957（1）.

［4］吴仲贤.遗传学在生物科学中的地位［J］.生物学通报，1957（3）.

［5］方宗熙.孟德尔摩尔根主义与达尔文主义［J］.生物学通报，1957（4）.

［6］李汝祺.细胞遗传学发展过程中的几个问题［J］.生物学通报，1962（2）.

［7］谈家桢.遗传学在现代生物学中的成就和作用［J］.生物学通报，1962（2）.

［8］Sinnott, Dunn, Dobzhansky.遗传学原理［M］.奚元龄，译.北京：科学出版社，1958.

［9］方宗熙.细胞遗传学（普通遗传学）［M］.北京：科学出版社，1959.

［10］温才妃，张劳.吴仲贤——能"文"能"理"的遗传学家［N］.中国科学报，2021年7月13日第8版.

［11］常州市档案馆.小麦人生——蔡旭纪念文集（上卷、下卷）［M］.北京：中国农业大学出版社，2018：97.

［12］R. L. Knight.棉花遗传选种文献摘要（1900—1950）［M］.冯泽芳，潘家驹，译.北京：科学出版社，1959.

［13］G. Mendel.植物杂交的试验［M］.吴仲贤，译.北京：科学出版社，1957.

［14］2020年11月11日，冯永康接受复旦大学庚镇城先生的微信语音访谈获知.

［15］T. H. Morgan.基因论［M］.卢惠霖，译.北京：科学出版社，1959.

［16］T. Dobzhansky.遗传学与物种起源［M］.谈家桢，等，译.北京：科学出版社，1964.

［17］复旦大学遗传学研究所.遗传学问题讨论集（第一、二、三册）［M］.上海：上海科学技术出版社，1961—1963.

［18］冯永康.缅怀大师 铭记教诲——谈家桢与四川遗传学发展的往事回忆.复旦生科院全球校友会，2019年4月4日.

第三篇 第五章 遗传学学术论著和教材的翻译、编写与出版

第六章　1960 年前后的中国遗传学研究

1956 年青岛遗传学座谈会召开以后，随着国内遗传学教学陆续恢复正常状态，遗传学的实验研究和农作物的遗传育种工作，也在有限的条件下逐步开展起来。尽管发展道路并不那么平坦，但中国遗传学的研究，仍然处于曲折的行进中。

1. 遗传学实验研究工作的酝酿与初步恢复

青岛遗传学座谈会结束后，中国科学院植物研究所遗传研究室，根据会议的主要精神，针对过去工作上的人力分散、不易深入的情况，结合遗传学研究的客观需求，及时调整了原有研究组织。新的工作组织分设为：个体发育组、定向培育组、杂交研究组、受精研究组以及人工引变研究组。[1]

1956 年，陈桢因甲状腺癌复发入住医院并全年在家养病，没有能够参加青岛遗传学座谈会。[2]翌年 3 月，陈桢带病参加了中国科学院动物研究室学术委员会成立大会（图 3.6.1）。在会议上，他提出了既重视基础理论研究，又结合生产实践的"细胞遗传学""生化遗传学""杂交方式方法的研究""金鱼个体发育研究"等 4 个方向的研究课题。[3]会后，陈桢忍着病痛的困扰，迅速组织研究力量，重建金鱼养殖场，指导他的助手李璞、汪安琦、张瑞卿、陈秀兰、蒋耀青、王春元、程光潮等人，在中国科学院动物研究所遗传组内，恢复了金鱼遗传学的实验研究。[4]

图 3.6.1 中国科学院动物研究室学术委员会成立大会合影
（前排左起：7 李汝祺、8 陈桢、9 秉志、10 童第周、11 寿振黄）

1956 年 12 月，中共中央批准了国务院科学规划委员会制定的《一九五六—一九六七年科学技术发展远景规划纲要（草案）》及其附件，在其中的《基础科学学科规划说明书》遗传学部分，增加了积极吸收摩尔根遗传学的研究成果，包括加强"遗传物质基础的生理生化研究""杂交理论和杂种遗传规律的研究"和"物种形成的研究"等新课题的研究内容。

1957 年 11 月，陈桢因甲状腺癌复发逝世。他的弟子秉承导师金鱼遗传学的研究方向和确定的研究课题，继续开展了大量深入细致的实验工作。在汪安琦的带领下，他们先后开展了鲫鱼和金鱼胚胎发育分期的观察，[5]用 X- 射线、超声波分别处理成熟金鱼和金鱼胚胎发育不同时期的辐射敏感性的研究，[6]金鱼性状形成过程中遗传因素作用机理的研究等，并在《动物学报》《科学通报》等重要学术期刊上发表了相关论文。

当时的中国科学院植物研究所遗传研究室和中国科学院动物研究所遗传组这两个遗传研究机构的学术联络，分别由当时的中国科学院生物学地学部的宋振能和薛攀皋具体负责。[7]

1957 年 12 月 10 日—12 日，中国科学院遗传学研究工作委员会在北京召开成立会议。这是继 1956 年青岛遗传学座谈会之后，又一项推动遗传学发展的重要措施。以李汝祺为主任委员，谈家桢、祖德明为副主任委员的工作委员会，根据国家十二年科学远景规划及我国国民经济建设和国防要求，提出了关于遗传学今后的发展要从"遗传物质的本质""变异及其机制""遗传与个体发育"和"遗传与系统发育的关系"等四个方面进行探索和研究。工作会议就"杂种的理论、利用和保持""多倍体与辐射诱变的利用""微生物遗传""经济动植物的遗传型与生态型的相互关系及其新类型形成理论研究"等重点研究项目，提出了合理化的建议，并初步安排落实了这些重点项目的主要负责单位和牵头人。[8]

2. 遗传学研究机构的建立与有关的学术活动

随着复旦大学、北京大学、北京农业大学等高等学校遗传学教学的陆续开展，遗传学的实验研究在一些高等学校和有关的研究机构中，也逐渐恢复起来。为了保证遗传学研究的顺利和有序开展，中国科学院、复旦大学等先后成立了专门的遗传学研究机构。

（1）中国科学院遗传研究所的成立及工作方向的演变

1951 年 7 月创建的中国科学院遗传选种实验馆，在当时全盘学习苏联的学术环境中，完全按照"米丘林遗传学"设置研究课题，主要进行分枝小麦的引种和选育等工作。1952 年 9 月，遗传选种实验馆更名为植物研究所下属的遗传栽培研究室。1956 年 3 月，遗传栽培研究室又更名为遗传研究室，下设个体发育、定向培育、杂交、受精、人工诱变等五个研究组，仍属中国科学院植物研究所管辖。

经长达 8 年时间的磨合，1958 年 10 月，经中国科学院党组批准，由祖德明、梁正兰、谷峰秀和陈英组成遗传研究室领导小组，为组建专门的遗传研究所准备了条件。经过多次征求李汝祺、谈家桢等遗传学家的意见后，提出了中国科学院遗传研究所的建所方案。1959 年 6 月 17 日，中国科学院第 7 次院务常务会议讨论通过的行文，上报国家科委批复。

1959 年 9 月 25 日，由中国科学院植物研究所遗传室与中国科学院动物研究所遗传组合并而成的中国科学院遗传研究所，终于正式挂牌成立。这是中国科学院直属的第一个专业性的遗传学研究机构。[9]成立后的遗传研究所由早年参加二万五千里长征的老革命钟志雄（1913—2016）任专职副所长，祖德明（1905—1984）为兼职副所长，全所共有研究人员 41 名、技术人员 60 名。

新组建的中国科学院遗传研究所，最初设置了 10 个研究室，稍后又调整为 5 个实验研究室。一室主要研究植物有性过程的遗传变异规律及其在育种上的应用；二室主要研究生活条件对植物性状形成和发育的作用；三室主要研究遗传物质的结构、功能及诱变规律；四室主要研究无性过程的遗传变异规律及其在育种上的应用；五室主要研究小剂量慢性辐射的动物和人类遗传效应及其机制与防护等。在当时遗传所的 24 个研究项目中，直接支农和以任务带学科的项目就有 16 个，加上技术推广的项目 2 个，共占 75%。[10]

在 20 世纪 60 年代前后的中国科学院遗传研究所，学派之争是非常突出的。米丘林学派认为摩尔根遗传学是"反动的唯心的"，对"基因学说"也是反对的；摩尔根学派则不承认"米丘林遗传学"是遗传学。[11]学术研究在遗传所经历了成立初期只有单一的"米丘林遗传学"的一些工作，逐步调整成为"米丘林遗传学"和摩尔根遗传学分别开展实验研究的局面。

1959 年，该研究所兼职副所长祖德明在最初组织撰稿的庆祝中华人民共和国成立 10 周年的遗传所工作总结中，初稿只总结了"米丘林遗传学"的工作。初稿写成后发给生物学界有关专家征求意见时，谈家桢就直言不讳地指出这个总结不是遗传学工作的全面总结。中国科学院的领导当时也认为，作为工作总结应该是全面的。

为了在遗传所继续贯彻执行中共中央提出的"双百方针"，专职副所长钟志雄特地将中国科学院领导的指示转告祖德明，并对他做了大量的思想说服工作。接着，在对工作总结的初稿修改中，遗传所专门邀请李汝祺、谈家桢参加座谈，最后形成了统一的意见。由于当时向苏联学习，只有"米丘林遗传学"在开展工作，最后只是对总结的原文做了一些修改，在参考文献中增加了一些摩尔根遗传学的文章目录。[12]修改后的文章刊登在中国科学院编辑出版委员会为庆祝中华人民共和国成立十周年编辑的《十年来的中国科学·生物学（Ⅳ）（遗传学）》一书中。[13]

到了 1964 年，中国科学院遗传研究所在讨论学科规划的会议上，意见仍然没能得到统一，不得不在规划中还分列出遗传学甲和遗传学乙。

1962 年，徐冠仁作为中国科学院遗传研究所的兼职研究员，与遗传所的项文美、张孔湉等研究人员合作，率先在国内开展杂交高粱雄性不育三系配套和杂种优势利用的研究。他们先后选配出了杂交 7 号、杂交 10 号等高产杂交组合高粱新品种，[14]推广面积达 2000 余万亩。杂交高粱的培育和在生产上的推广成功，为我国进一步应用和发展农作物的杂交育种技术开辟了道路。遗传所接着开展的水稻和小麦的三系不育研究，推动了全国范围内玉米等其他农作物杂种优势利用的研究热潮。1968 年 1 月，时任中国科学院院长郭沫若，曾填词《沁园春·杂交高粱》一首，对开展杂交高粱雄性不育的研究进行了生动描述。[15]

在 1960 年前后，中国科学院遗传研究所的研究人员紧密结合生产实际，还培育出了产量高、品质好的甘薯新品种——138，以及尝试豇豆属和菜豆属的种间杂交与人工合成新物种的研究等。

（2）复旦大学遗传学研究所建立后的主要学术活动

1961 年，复旦大学在 1957 年成立的遗传学研究室的基础上，建立了中国第一个以国际上公认的遗传学原理为指导的遗传学研究所。该研究所在谈家桢的领导和组织下，确立了在辐射和人类遗传、微生物遗传和生化遗传、植物遗传、进化遗传学等方面，陆续开展起具体的实验研究工作。与确定的研究方向相对应，充实与扩建后的复旦大学遗传学研究所首先设立了三个研究室：第一研究室为辐射与人类遗传学研究室，主要进行猕猴辐射遗传学的实验研究、人类染色体核型分析和人类遗传病的初步研究等；第二研究室是微生物遗传研究室，承担通过诱变和选择促使抗生素生产，以及突变基因的生化研究；第三研究室是植物遗传和杂交育种研究室，主要攻克由芸苔属油菜植物人工合成新种，以及将"二型"学说应用到杂交水稻"三系"育种中的初步探索。

复旦大学遗传研究所第一研究室由刘祖洞担任室主任。谈家桢和刘祖洞带着助手赵寿元、张忠恕、薛京伦等，在查阅大量文献资料的基础上，确定了选用灵长类动物猕猴为实验材料，通过不同剂量的 γ - 射线、X- 射线对猕猴生殖细胞的照射等一系列的实验观察与研究，以获得人类对辐射敏感性较为准确的数据。1961—1965 年，复旦大学遗传研究所第一研究室将阶段性的研究结果，撰写成《不同剂量的 γ - 射线对猕猴（*Macaca mulatta*）精子发生中染色体畸变的影响》[16]《X- 射线直接照射与间接照射对猕猴（*Macaca mulatta*）精子发生中染色体畸变的影响》[17]《猕猴（*Macaca mulatta*）的核型分析》[18]等研究论文，先后发表在《实验生物学报》《复旦大学学报》《科学通报》等学术期刊上，为我国原子能的和平利用，提供了重要的科学依据。

在这期间，刘祖洞还指派助教朱定良前往中国科学院实验生物学研究所，跟随陈瑞铭学习动物组织细胞培养技术。陈瑞铭是 1954 年回国的留学英国剑桥大学的博士，是我国著名的细胞生物学家，国内动物组织培养技术的创始人之一。他培养出的世界上第一株人肝癌细胞系，在 1962 年于莫斯科召开的第八届国际肿瘤会议上得到国际学术界的公认和很高评价。

在陈瑞铭的指导下，朱定良很快掌握了动物组织细胞培养技术的要领。接着，她又到生物制品研究所和吴旻实验室，进行现场学习和实地观摩。[19]这之后，在刘祖洞、项维的领导下，朱定良与吕曼莉、邱信芳等人首先选用流产胎儿的羊膜、肾脏、肺和皮肤细胞，建立起细胞株传代。接着，他们运用低渗溶液处理技术进行制片观察，得到了染色体清晰而分散的图像。然后，他们将细胞完整而染色体清晰的图像进行了描绘和计数分析，撰写成《中国人的染色体组型（初报）》的研究论文，发表在《科学通报》上。[20]

复旦大学遗传研究所的第二研究室，是由盛祖嘉领导的微生物遗传研究室。盛祖嘉作为我国微生物遗传学的奠基人之一，在科学研究方面一贯是自选课题。他倡导遗传所里的青年教师要"以实验室为家"，这是谈家桢 1940 年代在浙江大学时就已形成的研究传统。囿于当时十分困难的实验条件，盛祖嘉和沈仁权带领研究团队，从当时的实际情况出发，主要以大肠杆菌、土霉菌等为实验材料进行实验研究，并取得了一些进展。盛祖嘉领导的微生物遗传研究室，总结撰写出的《大肠杆菌品系 ~#15 的紫外光敏感性的改变和恢复》[21]《土霉菌 *Streptomyces rimosus* A-166 的菌落颜色的变异和遗传》[22]等研究论文，先后在《复旦大学学报》等学术期刊上发表。1962 年，盛祖嘉立足自己长期的教学与实验研究，编写了《微生物遗传学基础》，由上海科学技术出版社出版，成为青年学子研修微生物遗传学的重要参考用书。

复旦大学遗传研究所的第三研究室——植物遗传与杂交育种研究室，由谈家桢兼任室主任并亲自抓课题研究。该研究室以杂交育种为中心，以高产抗病为育种目标，材料主要选用水稻和油菜。蔡以欣担任第三研究室的副主任，负责具体的实验研究工作。他首先抓住水稻的杂交育种不放手。但凡有关水稻生产育种的会议，无论全国性的，还是地区性的，他都主动踊跃地参加。蔡以欣不仅做到逢会必到，到会必讲，广泛宣传杂交水稻的三系配套和杂交优势利用的理论和实绩。他也做到身体力行，不仅成天在农田里摸爬滚打，探索将"二型"学说应用于杂交水稻"三系"育种，还四处奔走，不断沟通各地的水稻杂交育种单位的协作研究，以搜求、创建、培育水稻不育系的有效途径和可靠方法。在人们对杂交水稻的真实潜力和巨大能量尚未充分认知和定位的初期，对在遗传育种学界中建立杂交水稻三系配套的可行性、必要性和迫切性上取得共识，蔡以欣都享有甚高的知名度和极强的影响力。[23]

与此同时，蔡以欣还与第三研究室的葛扣麟等人合作，在芸苔属油菜植物的新种合成及其细胞遗传学研究、芸苔属植物油菜的群体遗传结构及其选择效应等方面，取得了一些突破。他们先后发表了《芸苔属（*Brassica*）植物同源四倍体的诱发》[24]等一系列研究论文，其工作一直延续到 1980 年代初期。

从 20 世纪 60 年代初到 20 世纪 70 年代末，庚镇城在谈家桢的指导下，曾试图就亚洲异色瓢虫鞘翅色斑嵌镶显性的遗传机制，继续做一些探索工作。由于受到研究水平和实验条件的限制，以及"四清运动"和"文革"等政治运动的不断干扰，他们只好先就异色瓢虫各种色斑型在地理上的表型及基因频度，进行尽可能多的实地考察。在得到老同学、老同事和所教学生们的帮助，获得从东南西北地区寄来的自不同地域采集的大量异色瓢虫标本的基础上，庚镇城等对异色瓢虫各群体不同色斑类型的基因频度进行了统计学分析，不仅显示中国广阔地域中的异色瓢虫的基因频度表现倾群（cline）现象，也发现了一些地方的异色瓢虫群体的基因频度存在着季节性变异等现象。

直到 1979—1980 年，庚镇城到日本留学期间，在访问了日本玉川大学，查阅了国内查找不到的异色瓢虫研究文献后，他才根据前几年的研究结果，写出了《异色瓢虫的几个遗传学问题》之综述性的学术论文，作为异色瓢虫实验研究工作一个阶段的总结。该篇研究论文经过谈家桢仔细地审阅并修改后，联名发表在《自然杂志》[25]上。1980年，谈家桢在访问日本期间，曾将该篇研究论文赠给日本学者，并得到日本学术界的好评。由于该研究论文中不仅包罗了源自中国的材料，又有来自日本的材料，故日本的《遗传》杂志专门做了全文转载。日本遗传学界的学者在对该篇研究论文的评论中谈道："这篇论文是贵重的""能够对中国和日本的异色瓢虫群体进行比较研究，也是很有意义的"。[26]

由于对亚洲异色瓢虫的群体遗传学深入研究，复旦大学遗传研究所的第四研究室——进化与行为遗传学研究室，于1980年正式成立。在谈家桢的领导和庚镇城的具体负责下，该研究室继续进行异色瓢虫和果蝇的群体进化之研究。

从20世纪60年代至80年代初期，由谈家桢担任所长的复旦大学遗传研究所4个研究室，在各自的研究领域内都相继取得了一些初步的研究成果。他们先后发表了50多篇研究论文，出版了16部专著、译作和讨论文集。

（3）北京大学等单位的遗传学实验研究

20世纪50年代后期，北京大学的李汝祺与其助手吴鹤龄等人，与苏联科学家合作，选用小鼠等实验材料，进行了辐射遗传学的实验研究。

李汝祺首先建立了国内第一个小鼠纯系，用以开展发生遗传学的研究。他和助手吴鹤龄等，使用X-射线及钴-60的低剂量照射雌性小白鼠不同发育阶段；测量X-射线的不同剂量对雌性个体卵巢破坏的程度，以研究辐射对卵巢发育的影响。他们的实验研究结果与国外的发现一致，证实了小白鼠出生后的若干时间内，具有高度抗辐射能力。

20世纪60年代，李汝祺等人也进行了摇蚊唾液腺染色体在个体发育中的结构可逆性变化及其超微结构、组织化学的研究；以及黑斑蛙、金线蛙和北方大蟾蜍的染色体组型及其带纹等有学术价值的研究。李汝祺在对中国马蛔虫染色体的研究中，发现这种马蛔虫具有三对染色体，与国外的两对和一对染色体的马蛔虫很不相同。通过大量的实验观察，他还证明了马蛔虫胚胎三倍体的形成，是由于卵母细胞在减数分裂中，出现畸形的纺锤体，使得卵子第一极体不能排出卵外，而全部卵母细胞染色体留在卵中与精子的染色体合并到一起的结果，而这样的动物受精卵是不能完成发育的。

然而十分遗憾的是，这些在当时国际遗传学界居于领先地位的研究成果，却因遭遇"文革"动乱而多丢失。少量保存下来的实验研究资料，经李汝祺与吴鹤龄等共同整理，撰写成文，于 1985 年相继发表。[27]

3. 农作物遗传育种工作的开展

1960 年前后，从事农作物育种研究与实践的中国遗传学家们，以他们特有的执著与长期坚守，一直不间断地进行杂交玉米和抗病高产小麦等作物的遗传育种工作。

（1）李竞雄、杨允奎、吴绍骙等学者的玉米杂交育种研究

从 1949 年到 1965 年，我国的玉米遗传育种经历了从地方品种评选，品种间杂交种选育，双交种、三交种、顶交种选育，再到应用单交种的典型发展历程。国内农学界称誉为中国玉米遗传育种事业三大开拓者的李竞雄、杨允奎与吴绍骙，各自艰辛地开展着玉米育种工作。

1956 年的青岛遗传学座谈会召开后，李竞雄和他的助手戴景瑞、许启凤等，依据孟德尔—摩尔根遗传学的基本原理，运用培育纯系的方法育成了抗倒伏、抗旱并显著增产的"农大 4 号"等系列的玉米双杂交种。在此基础上，他们总结并发表了《玉米杂交种的选育研究 I. 选育品种间杂交种及自交系间杂交种的结果》[28]《加强玉米自交系间杂交种的选育和研究》[29]《雄花不孕性及其恢复性在玉米双交种中的应用》[30]《玉米雄花不孕性及其恢复性的遗传研究》[31]等多篇研究论文。1961 年第21—22 期的《红旗》杂志，还专版刊登了李竞雄撰写的长篇约稿《积极推广玉米双杂交种》。

1958 年起，杨允奎在四川省农业科学研究所，与他的助手一道开始利用玉米雄性不育特性培育杂交种。经过几年的辛勤工作，他们总结发表了《利用玉米雄性不育特性制造杂种的研究》和《利用雄性不育特性制造玉米杂交种的研究续报》等研究论文。[32] 1962 年，杨允奎在四川农学院创立了我国第一个农作物数量遗传实验室。他的遗稿《玉米果穗数量遗传的初步研究》[33]等，是国内最早系统介绍农作物数量遗传学原理和

方法的论著。

20 世纪 50 年代至 60 年代，吴绍骙创建并领导的河南农业大学玉米研究所，在杂种优势理论和应用研究上取得了显著成绩。他们先后发表了《从一个玉米综合品种——洛阳混选一号的选育到推广谈玉米杂交优势的利用和保持》[34]等研究论文，并培育出"豫农 704""豫单 5 号""豫双 5 号"等优良杂交种并在省内外大面积推广。特别是吴绍骙率先在国内倡导并践行玉米自交系异地培育法，于 1961 年发表《异地培育玉米自交系在生产上利用可能性的研究》[35]一文。该篇文章为中国多种作物南繁北育的广泛开展，发挥了先导和启蒙的作用。

（2）蔡旭的小麦抗锈病高产品种与杂种优势利用的探索

早在 20 世纪 30 年代后期，蔡旭应四川省农业改进所之邀请前往该所，在李先闻主持的稻麦改良场担任麦作股股长一职。他在负责全川小麦改良工作的时候，就坚持不懈地进行大规模的小麦杂交育种工作和小麦抗锈病品种的培育研究。

1954 年，蔡旭从担任北京农业大学农学系主任以及稍后兼任中国农业科学院遗传育种研究所的副所长起，在新派来的北京农业大学领导施平的大力支持和有效帮助下，排除政治运动和繁忙行政事务带来的干扰，更加倾心于小麦抗锈病高产品种的选育。他与张树臻、杨作民、刘中宣、王淋清、丁寿康等助手一道，先后培育出了适于在华北地区推广种植的"农大 36""农大 90""农大 183""农大 311"等抗锈小麦新品种。[36]

1965 年，蔡旭利用从匈牙利引进的 T 型不育系"早熟 1 号"及其保护系和恢复系材料"T808"，开始通过小麦雄性不育的研究，进行小麦杂种优势利用的探索。[37]

从上面简要的追述中可以看出，处于 1960 年前后的艰难困境中，中国遗传学家仍然以其坚韧执著的努力，克服来自多个方面的阻扰攻坚克难，所完成的遗传学实验研究和农作物遗传育种工作等，都表现出了较高的学术研究水平和富有发展潜力的生产应用价值。当时的国外遗传学界中，曾有学者专门评论并惊叹道：新中国的遗传学家们，正在遗传奥秘探索的道路上奋起直追！

注释：

［1］中国科学院植物研究所遗传研究室调整工作组织［J］.科学通报，1957（1）：23-24.

［2］2021年4月收到李柏青先生发来的根据陈桢手书同名材料整理的《协三年记》.

［3］冯永康.陈桢与中国遗传学［J］.科学（上海），2000（5）：41.

［4］所庆纪念册编委会.50年发展历程（1959—2009）［M］.中国科学院遗传与发育生物学研究所，2009：273.

［5］李璞，汪安琦，崔道枋，等.鲫鱼和金鱼胚胎发育的分期［J］.动物学报，1959（2）：145-156.

［6］汪安琦，王春元，陈秀兰，等.超声波处理成熟金鱼对于仔鱼胚胎发育的影响［J］.科学通报，1960（8）：253.

［7］2022年8月11日冯永康通过电话访谈薛攀皋先生得知.

［8］宋振能.中国科学院遗传学研究工作委员会成立会议［J］.科学通报，1958（1）：32.

［9］王承周.中国科学院遗传研究所成立［J］.动物学杂志，1959（12）：582.

［10］同［4］第152，189页。

［11］钟志雄：忆遗传所创建历程［N］.中国科学报，2014年6月9日第7版.

［12］同［4］第252-253页。

［13］中国科学院编辑出版委员会.十年来的中国科学·生物学（Ⅳ）（遗传学）（1949—1959）［M］.北京：科学出版社，1966.

［14］徐冠仁，项文美.利用雄性不育系选育杂种高粱［J］.中国农业科学，1962（2）：15-20.

［15］同［4］第153页。

［16］谈家桢，刘祖洞，张忠恕，等.不同剂量的 γ - 射线对猕猴（*Macaca mulatta*）精子发生中染色体畸变的影响［J］.实验生物学报，1962（4）：386-397.

［17］张忠恕，赵寿元，薛京伦，等.X- 射线的直接照射与间接照射对猕猴（*Macaca mulatta*）精子发生中染色体畸变的影响［J］.复旦大学学报（自然科学版），1964（2）：135-146.

［18］赵寿元，李腾铭，邓承宗，等.猕猴（*Macaca mulatta*）的核型分析［J］.科学通报，1964（9）：817-820.

［19］2020年10月，冯永康多次通过电话和微信访谈复旦大学庚镇城先生获知.

［20］项维，朱定良，吕曼琍，等.中国人的染色体组型（初报）［J］.科学通报，1962（6）：40-41.

［21］盛祖嘉，除中孚，蔡受倩.大肠杆菌品系 ~#15 的紫外光敏感性的改变和恢复［J］.复旦大学学报（自然科学版），1960（2）：367-378.

［22］许菊彦，盛祖嘉.土霉菌 *Streptomyces rimosus* A-166 的菌落颜色的变异和遗传［J］.复旦大学学报（自然科学版），1964（2）：199-205.

［23］葛扣麟.师恩绵绵［M］// 赵寿元，金力.仁者寿——谈家桢百岁璀璨人生.上海：复旦大学出版社，2008：178-179.

［24］葛扣麟，黄文福，蔡以欣，等.芸苔属（*Brassica*）植物同源四倍体的诱发［J］.复旦大学学报（自然科学版），1963（1）：105-120.

［25］庚镇城，谈家桢.异色瓢虫的几个遗传学问题［J］.自然杂志，1980（3）：512-518.

［26］庚镇城.写在谈老百岁华诞来临之际［M］// 赵寿元，金力.仁者寿——谈家桢百岁璀璨人生.上海：复旦大学出版社.2008：168-169.

［27］吴鹤龄，戴灼华.李汝祺教授传［J］.遗传，2008（7）：807.

［28］李竞雄，郑长庚，程经有，白秀莲.玉米杂交种的选育研究 I.选品种间杂交种及自交系间杂交种的结果［J］.北京农业大学报，1957（1）：1-24.

［29］李竞雄.加强玉米自交系间杂交种的选育和研究［J］.中国农报，1957（7）：14-18.

［30］李竞雄.雄花不孕性及其恢复性在玉米双交种中的应用［J］.中国农业科学，1961（6）：19-24.

［31］李竞雄，戴景瑞，许启凤，等.玉米雄花不孕性及其恢复性的遗传研究［J］.作物学报，1963（4）：339-362.

［32］杨允奎，杜世灿，段光辉.利用玉米雄性不育特性制造杂种的研究［J］.作物学报，1962（1）：35-42.

［33］杨允奎，杜世灿，邓孝贞.玉米果穗数遗传的初步研究［J］.遗传，1979（2）：21-23.

［34］吴绍骙，张明北，许德顺.从一个玉米综合品种——洛阳混选一号的选育到推广谈玉米杂交优势的利用和保持［J］.遗传学集刊，1957（1）：17：34.

［35］吴绍骙.农学系遗传育种教研组农 613 班.异地培育玉米自交系在生产上利用可能性的研究［J］.河南农学院学报，1964（1）：14-38.

［36］蔡旭，张树臻，杨作民，等.适于华北地区几个抗锈小麦新品种的育成"农大36""农大 90""农大 183""农大 498"［J］.北京农业大学学报，1957（2）：124-152.

［37］黄铁成，张爱民，孙其信.我国杂交小麦研究概况与进展［J］.作物杂志，1990（2）：5.

第七章　人类与医学遗传学
在我国的初步创立

人类遗传是研究人类在形态、结构、生理、生化、免疫、行为等各种性状的遗传上的相似和差别，人类群体的遗传规律以及人类遗传性疾病的发生机制、传递规律和如何预防等方面的遗传学分支学科。如果着重于人类遗传性疾病的研究，则称为医学遗传学。

20 世纪 50 年代初期，谈家桢的第一代研究生徐道觉（T. C. Hsu，1917—2003），在美国德州大学加尔维斯顿医学院实验室接受博士后训练中，发现了低渗溶液预处理技术。[1] 1952 年，徐道觉在美国 *Journal of Heredity*（第 43 卷）杂志上发表了题为《体外哺乳类染色体：人的核型》之论文。该论文的发表，预示着用低渗溶液预处理方法，制备人类和哺乳动物染色体标本新技术的建立，从而为人类与医学遗传学的研究，提供了一种强有力的方法与技术手段。

受惠于青岛遗传学座谈会带来的和风，从 20 世纪 60 年代初期开始，国内的一部分遗传学工作者，逐步踏入人类与医学遗传学（包括人类细胞遗传学、肿瘤遗传学、临床遗传学、生化遗传学和群体遗传学等）研究领域。

在短短的几年时间内，刘祖洞、项维、吴旻、卢惠霖、李璞、杜传书（1929—2021）、汪安琦等中国的遗传学家，克服困难，步履艰辛地开始了人类与医学遗传学教学与实验研究的探索，并逐渐取得一些初步的成果。

1. 刘祖洞、项维等学者的人类遗传学研究

作为我国人类与医学遗传学领域创始人之一的刘祖洞，早在 20 世纪 40 年代末留学美国攻读博士学位期间，就对人类遗传学和医学遗传学颇感兴趣。1948 年，他在《新中华》杂志上发表了《遗传与疾病防治》等通俗科学文章。[2] 1949 年，刘祖洞与徐道觉合作，发表了《中国人群一样本中的折叠舌和卷舌》（见本书第二篇第四章第五节 其他少量的遗传学实验研究）等研究论文。这是中国遗传学家在人类遗传学领域最早的研究成果。

1956 年青岛遗传学座谈会后，复旦大学在高等学校中率先恢复了遗传学课程的教学。刘祖洞承担了普通遗传学、人类遗传学、生物统计学等课程的讲授。与此同时，他还挑起了谈家桢在中国高校中建立的第一个遗传学研究所下设的辐射与人类遗传学研究室室主任的重担。

1963 年夏天，大连医学院的伍律等人在大连举办"人类遗传学"讲习班，这也是面向全国各地的医生首次开办的专题讲习班。刘祖洞接受该讲习班的邀请，从复旦大学专程赶往大连医学院，开设专题讲座。在讲学期间，他向来自全国各地的 100 多名医生和研究人员，系统地讲述了人类遗传学的基本理论和基础知识，介绍了实验研究的基本手段和方法。

从哈尔滨医科大学慕名前来参加第一届"人类遗传学"专题讲习班的李璞、张贵寅等学人，不仅眼界大开，收益颇丰（图 3.7.1），同时明确了自身从事遗传学研究的方向，增强了毕生致力医学遗传学研究的决心。[3]

图 3.7.1　第一届"人类遗传学"大连讲习班留影（1963）

（前排左 3 刘祖洞；后排左 1 李璞）

自此之后，人类与医学遗传学的研究工作在国内部分高等学校便逐渐开展起来。而今在我国形成的数量众多、水平较高的人类与医学遗传学研究队伍中，不少领航的知名专家和学者，就是从这个讲习班开始步入该项研究领域的。

20 世纪 60 年代初期，复旦大学生物系的实验条件十分简陋，刘祖洞、项维等带领的研究团队，不仅加快步伐收集和积累国际遗传学界有关人类与医学遗传学研究的最新动态，更主要的是通过对人类和动物染色体组的核型分析，在辐射遗传学、遗传毒理学、细胞遗传学等方面都取得了初步成果。与此同时，他们以中国人染色体组型的实验研究为基础，开始了多种人类遗传病的规模型调查与有关遗传学问题的学术探讨。

自从 1962 年，项维、朱定良、吕曼瑚、刘祖洞率先在《科学通报》上发表了有关《中国人的染色体组型（初报）》的研究文章后，刘祖洞的研究团队与中国医学科学院皮肤性病研究所、上海市儿童医院等单位合作，结合临床医学观察，对一些常见的人类遗传病及其与染色体的关系等，

图 3.7.2　项维（后排右 1）、朱定良（后排右 2）在指导进修生（1963）

做了不少的实验研究。1962—1964 年，他们先后发表了《大疱性表皮松解症的遗传》[4]《先天愚型及其染色体研究》[5]等研究论文。在这期间，刘祖洞带领的柴建华等弟子，也先后发表了《上睑下垂的遗传》[6]和《苯丙酮尿症的遗传学研究》[7]等有关人类遗传病的研究论文。刘祖洞、项维带领的研究团队，在人类与医学遗传学研究上取得的初步成果，引起了国内学界的高度关注。20 世纪 60 年代初期，先后有不少的医学工作人员前来复旦大学遗传学研究所拜师学习和实验进修（图 3.7.2）。

20 世纪 70 年代，刘祖洞带领的研究团队，继续挖掘和发展人类与医学遗传学的研究。他们首先通过较大规模地对安徽省安庆地区的多种遗传性疾病进行系统且全面的调查，再对采集的血液样品做出分析，发现了该区域内疾病分布的诸多遗传学因素。在大别山地区，他们先后共

检查了 24 万人次，发现了 115 种单基因疾病、染色体病和一些先天性疾病。通过对获得的调查数据进行整理，刘祖洞等人撰写并发表了《大别山区"痴呆病"病因的遗传学研究》[8]等研究论文。这些基础性的研究和发现，在当时都属于国内开创性的研究工作，为以后对人类遗传病的深入探索，提供了翔实的参考资料和研究方法。

1970 年代后期，刘祖洞受邀在《新医学》期刊上开办了"遗传与人类疾病"医学遗传学普及性讲座，先后撰写了一系列科普文章[9]。项维、赵寿元、薛京伦、马正蓉、邱信芳等人，还编译出版了"人类和医学遗传学译丛"（上海科学技术文献出版社）。该译丛共收集了 10 篇译文，介绍了当时国际上人类与医学遗传学研究的进展。

2. 吴旻等学者的肿瘤遗传学研究

1961 年，吴旻作为留学苏联的中国留学生中第一个获得医学博士学位者，回国后，有感于当时国际遗传学领域的研究方向，在中国医学科学院实验医学研究所着手开创我国的人类细胞遗传学和肿瘤遗传学的研究。[10]他率先把对染色体组型的观察用于人类疾病研究，并创建了国内首个临床细胞遗传学和肿瘤遗传学研究团队。

从 1962 年起，吴旻与他的助手一道，立足于我国当时的实验条件，建立了一整套外周血淋巴细胞培养方法和染色体制备技术，并把这些技术应用到遗传病的产前诊断、临床诊断和肿瘤、放射病的研究中。他们不仅报告了中国 XXX/XX/XO 及 XY/XO 嵌合体以及唐氏综合征患儿的 21- 三体核型；[11]还在对羊水细胞的性染色质检查中，确认了一例 XXY 性染色体异常患者。吴旻团队取得的这些实验研究成果，引发了中国医学界和遗传学界在临床医学诊断上，开始对人体大量出生缺陷相关的染色体异常检查、人体染色体异常核型和染色体异常病的重视。

1966 年，吴旻和凌丽华等对 70 名从新生儿到 61 岁正常人的 8031 个细胞进行了有关参数的测量，提出了中国人体细胞染色体的基本数据和模式图。[12]这不仅是我国人类遗传学研究中第一个最为详尽的染色体基本数据，也是当时世界上这一研究领域最为重要的参考资料。[13]

从 1963 年起，吴旻用三年时间，独立完成了美国遗传学家 C. Stern

编著的《人类遗传学原理》第二版的翻译，后因"文革"开始而搁置出版。1973年，他在重新翻译《人类遗传学原理》第三版时，专门增写了第32章"医学遗传学的进展"。1976年，他又在该章中加写了"遗传性疾病的防治"一节。在该节内容中，吴旻率先向国内科学界提出了"基因治疗"的初步设想。由此，历经长达10多年的周折，《人类遗传学原理》在1979年终于由科学出版社出版。

3. 卢惠霖等学者的人类细胞遗传学研究

早年在摩尔根果蝇实验室学习过的卢惠霖于1929年回国后，一直带着患有肺结核病的羸弱身躯，在长沙的湘雅医学院（现在的中南大学湘雅医学院）、雅礼中学等学校中执教生物学。不管是20世纪30年代至40年代的战乱时期，还是摩尔根遗传学遭到批判的20世纪50年代，卢惠霖都始终坚持自己的科学信念，并着手翻译摩尔根的著作《基因论》。

20世纪60年代初期，中共中央文教调查小组为卢惠霖受到的批判进行了甄别平反，更增强了他从事遗传学教学和研究的积极性。卢惠霖在了解了当时遗传学发展的动向，进行仔细的思考后，决定结合临床医学开展染色体的研究。他首先在湖南医学院的生物学教研组内，办起了细胞遗传学的学习班，组织并带领青年教师夏家辉等人，系统地开始了细胞学和遗传学两门课程的学习，进行在显微镜下对染色体的观察与研究。[14]

1962年12月，卢惠霖在湖南医学院首先倡导并筹建了医学遗传学研究组，专门拟订了1963—1972年的10年科研规划，确定了建立细胞遗传学研究室和生化遗传学研究室的计划，开始有计划有步骤地培训专门人才。[15]

从1963年起，他们决定运用现有的条件和可以采取的方法，先从调查研究简易的遗传性疾病入手，建立遗传病档案，逐步建立遗传性代谢病实验室与人体组织细胞培养，为稍后大力开展遗传性疾病的研究提供必要条件。

在医学遗传学研究组成立初期，卢惠霖领导的研究团队对长沙市部分中小学10091名青少年进行色盲发病率大普查，并对其中48名女性患者专门做了家系的调查。1966年，他们将几年的调查结果撰写成《人

类遗传疾病色盲的研究——长沙市中、小学色觉调查总结》。在该调查总结中，他们通过对大普查获得的生物统计学数据的分析，证明了色盲遗传病是符合摩尔根所发现的性连锁遗传规律的。[16]

1972年，卢惠霖带领其得力助手夏家辉等人，开始了人类细胞遗传学的实验研究工作。他们最早从国外引进了染色体观察与分析的G显带技术，并建立了C带、Q带及高分辨染色体G显带技术。他们还结合临床医学，先后观察了各种类型的两性畸形16例，并对于两性畸形的诊断、鉴别诊断和治疗进行了学术探讨。

经过多年的实验研究，1975年，卢惠霖和夏家辉等人发表《一对鼻咽癌双生兄弟的临床观察和细胞遗传学初步探讨》研究论文。[17] 1976年，他们以中国人G显带染色体模式核型图的进一步观察和分析为基础，发表《染色体显带法及其临床应用》的研究论文。[18] 1978年，卢惠霖、夏家辉等在对鼻咽癌淋巴母细胞株的染色体核型进行研究中，发现了一条与鼻咽癌相关的组分明确的标记染色体，并发表《一条与人体鼻咽癌相关的标记染色体及其由来的初步探讨》之研究论文。[19]

4. 李璞等学者的医学遗传学研究

李璞作为中国第一位遗传学家陈桢的嫡传弟子，1949年从清华大学毕业以后，服从国家建设的需要，被分配到刚刚解放的东北。他在中国医科大学作了短暂停留后，便继续北上，前往哈尔滨医科大学参与生物学系的组建。在这里，李璞开始并走完了他执著追求遗传学教学与研究的整个人生。

1956年青岛遗传学座谈会召开之后，李璞带着课题来到中国科学院动物研究所进修。在导师陈桢（图3.7.3）的指导下，他继承先

图 3.7.3　李璞（1928—2014）和他的导师陈桢（1957）

生毕生钟爱的金鱼遗传学事业，全身心地投入金鱼遗传学实验的研究中。

1963 年，李璞等人通过参加在辽宁大连举办的第一届"人类遗传学"专题讲习班的系统性学习，得到刘祖洞等学者的具体指导后，确定了转向投身到人类与医学遗传学的教学与研究领域。是年，他们在哈尔滨医科大学首先建立了染色体实验室，并开始了具有创新特色的人类遗传咨询和医学遗传学的临床研究工作。

1964 年，李璞偶然发现他本人对苯硫脲（P.T.C）尝不出苦味（即"味盲"）。研究表明，这是一种常染色体隐性遗传的性状。他随即带领着研究团队，结合临床医学，开展了在结节性甲状腺肿患者中检测有关 P.T.C 尝味能力的调查。在被调查到的 1 050 人的汉族人群中，他们发现味盲者（tt）约占 9%，味盲基因（t）频率为 0.30。这与欧洲白人人群中味盲者（tt）为 36%，味盲基因（t）频率为 0.60 有明显的差异。他们还证明了味盲基因与结节性甲状腺肿之间存在着遗传关联。该项 P.T.C 尝味能力的大型调查工作，被学界认为是我国人类群体遗传学研究萌芽的标志。[20]

1965 年，李璞等人通过临床遗传学的观察，报道了我国第一例 46（XX）/47（XXY）嵌合型真两性畸形，其 X 染色质为阳性，这是当时国际上第二个异源嵌合体病例（第一例为法国报道）。[21]这一重要的研究成果，昭示我国遗传学家可通过对染色体的分析，来确定某种疾病的诊断。这一临床遗传学的研究成果，为刚刚处于起步阶段的中国人类与医学遗传学的研究，注入了活力和希望。翌年，李璞通过与娄焕明等合作，总结对临床遗传学病例报告所做观察和分析，发表了《先天愚型的临床及染色体组型的研究》之论文。[22]

正当李璞和他的同事们准备对染色体做更深入的研究，以便更广泛地应用到临床医学上，1966 年开始的"文化大革命"致使学校停开了有关的课程，他们的教研室和课题组都被解散。一项对人类健康有着重要意义的课题，就这样被搁置。直到 1971 年，当李璞获得继续做学术研究的机会，便转向了攻克医学难题——肿瘤遗传学的研究。他首先瞄准对白血病患者尝试做染色体分析。在外周血淋巴细胞培养过程中，他发现用 PHA 激活 T 淋巴细胞后，24 小时开始淋巴细胞转化，48 小时开始细胞分裂，96 小时淋巴细胞达转化和增值的高峰，这时将激活的 T 淋巴细胞回输给肿瘤患者，会对肿瘤细胞起杀伤作用。李璞将这一阶段工作进

行了及时的总结，撰写成《白血病与遗传》[23]、《PHA 诱发的淋巴细胞转化及其临床意义》[24]等研究论文，先后发表在学术期刊上。

1978 年，李璞总结了前一阶段的工作，编写出《染色体分析与临床实践》一书。这部汇集研究团队多年科研经验与心血结晶的专著，同年获得全国科学大会奖。

5. 杜顺德—杜传书的"蚕豆病"研究

中国最早发现并命名"蚕豆病"的医学家杜顺德（1900—1985），1926 年毕业于华西协合大学医学院，同时获得美国纽约州立大学医学会医学博士学位，1950 年再次获美国宾夕法尼亚大学研究院科学博士学位。

20 世纪 50 年代初期，杜顺德在四川医学院（现四川大学华西医学院）担任儿科教授时，在对收治的 8 例病儿进行临床症状、家族病史的问诊和大量查阅文献资料后，将初次发现的因为吃蚕豆引起的急性过敏性溶血病命名为"蚕豆病"（俗称"胡豆黄"）。他将这些病案详细写成《蚕豆病》[25]《蚕豆病——一例病例检查报告》[26]等研究论文发表后，很快便引起了国内医学界的高度重视。从此，"蚕豆病"发病的内因究竟是什么，便成为杜顺德毕生不断探索的医学课题。

1952 年，自幼受到家庭氛围熏陶与影响的杜传书，继承其父亲的事业，在从四川医学院医疗系毕业，留校工作两年后，便转战广州来到中山大学中山医学院，开始了他一生献身于"蚕豆病"病因及发病机理探讨的辉煌人生。

20 世纪 60 年代前后，杜传书在通过多年深入农村进行系统、周密调查的基础上，又在实验室中对蚕豆的化学成分做了细致的分析与研究。[27]他用大量的调查数据与实验研究结果，首次证实了我国蚕豆病的病因，是患者红细胞内缺乏葡萄糖 -6- 磷酸脱氢酶（即 G6PD 缺乏症），因而容易发生急性溶血。这一重要的研究结论，否定了国外公认的"花粉致病"的说法。随后，该学术观点也得到了国际学术界同行的实验证实。

从 1963 年起，杜传书陆续将对"蚕豆病"病因的实验研究结果，撰写成《遗传性红细胞 6- 磷酸葡萄糖脱氢酶缺乏及有关溶血机制》[28]

《蚕豆病病因发病机制研究的进展》[29]《蚕豆病病因发病原理探讨——Ⅲ.红细胞6-磷酸葡萄糖脱氢酶杂合子的研究》[30]等研究论文，发表在重要的学术期刊上。

与此同时，杜传书与助手一道，将其多年来的研究成果写成《蚕豆病》一书。在该书初稿撰写阶段，他的父亲杜顺德曾对文稿进行过评审，并写了前言。[31]该项研究成果在全国推广以后，蚕豆病的防治取得了显著成效，病死率普遍下降到1%以下。杜顺德、杜传书父子俩关于"蚕豆病"研究，开创了我国酶蛋白病和生化遗传学研究的新领域。

6. 汪安琦等学者的辐射遗传学研究

1955年，汪安琦和她的先生杨纪柯一道从美国回到祖国后，先被安排在中国科学院实验生物研究所从事细胞学和生物化学的研究。1956年青岛遗传学座谈会召开以后，在陈桢的邀约和实验生物研究所施履吉的建议下，汪安琦被调到动物研究所遗传组，与李璞等人一起进行金鱼遗传学和胚胎发育的实验研究。

1959年中国科学院遗传研究所成立后，汪安琦作为该研究所当时少有的几个以摩尔根遗传学理论进行实验的研究室负责人，与王春元、陈秀兰、程光潮、张瑞清等一道，继续以金鱼为实验材料，并选择猕猴、家兔等哺乳动物为材料，开始从事辐射遗传学的实验研究。

20世纪60年代初期，汪安琦与她的助手周宪庭等，通过与中国科学院昆明动物研究所合作，在极为简陋的条件下，运用掌握的培养外周血白细胞制作染色体的方法，进行"电离辐射对于动物遗传性的影响以及对于人类遗传的危害性"的实验研究。

在这项具有探索性的实验中，汪安琦、周宪庭等人首先采用人体静脉血、猕猴静脉血以及家兔的心脏取血作为实验材料，使用不同剂量的X-射线处理后，再用外周血培养法，对白细胞中染色体进行观察。她们对该项实验所获得的数据的分析表明，猕猴与人的辐射效应是比较相近的。紧接着，汪安琦与周宪庭等人继续采用人体外周血液，用不同的剂量的X-射线照射，再进行白血细胞培养并观察染色体畸变频率。实验结果在人体细胞中直接证明了在一定范围内，减低剂量率可以减低各种类型的染色体畸变频率，从而为辐射防护的研究提供了一些可信的资料。

在该项实验研究中，汪安琦等不仅及时地将研究的初步结果在中国动物学会年会上进行交流，还先后发表了《电离辐射对于动物遗传的影响以及对于人类遗传的危害性》[32]《人体、猕猴和家兔白血细胞染色体辐射敏感性的比较研究》[33]《人体白血细胞体外受 X- 射线照射后染色体畸变的剂量率效应》[34]等学术研究论文。

从 1973 年起，汪安琦还与周宪庭等一起，先后与北京协和医院等多家医院合作，开展了细胞遗传学的临床实验研究。她们在白血病染色体、再生障碍性贫血、羊水培养、产前诊断的研究，以及新生儿染色体病的研究等方面，取得了一些为学界肯定的成绩，被称誉为国内医学遗传学和产前诊断的先导性研究。

此外，20 世纪 60 年代初期，汪安琦还与杜若甫（1930—　　，1958 年于苏联列宁格勒农学院获得博士学位回国，1962 年调入中国科学院遗传研究所）一道，承担了国家项目"小剂量电离辐射对哺乳动物及人类的遗传学效应"之研究。她们的研究小组在全国范围内，对 1 万多人进行了职业慢性照射的遗传性效应的调查，在对调查材料做生物统计学分析后，发现放射性医务工作者所生育婴儿中的先天畸形率、自然流产率、早产率和死胎率，都显著高于对照组。他们还用小白鼠进行动物实验，印证了调查数据的可靠性。[35]该项研究为国家卫生部门修改我国从事慢性职业照射工作人员的允许剂量，提供了可参照的直接数据。

不可否认，处于 1960 年前后的中国，由于政治运动的不断干扰，导致中国遗传学工作者与国际遗传学界缺乏正常的学术交流，加上实验研究条件的极端匮乏，本来已经有了一个初步开端的中国人类与医学遗传学，一直处于时断时续乃至停滞不前的状态。

曾经长期担任中国协和医科大学（原协和医学院）副校长的张孝骞，早在 1963 年就发起成立了以罗会元为主任的国内第一个医学遗传学教研组，准备开展医学遗传学的理论研究和科学实验的探索，但是当时人们认为遗传病是比较罕见的，并且很少有治愈的可能，因此备受批判，工作很难开展。[36]

在这期间，国内医学界的高锦声、张思仲、陈仁彪、许由恩、孙开来、李崇高等人，也做了少量医学遗传学和优生学的研究工作。

直到 1978 年，当科学的春天又一次到来的时候，中国遗传学会于当年 10 月在南京召开了成立大会。1979 年 10 月，中国人类与医学遗传学工作者聚集在湖南长沙，召开了中国遗传学会第一次人类与医学遗传学论文报告会，成立了由卢惠霖、刘祖洞、吴旻、许由恩、李璞等组成的中国遗传学会人类与医学遗传学委员会以后，人类与医学遗传学在中国，才开始大踏步地向前发展。[37]

注释：

[1] 冯永康. 不断探索，不停奋斗的遗传学家徐道觉[J]. 生物学通报，2017（10）：57.

[2] 刘祖洞. 遗传与疾病防治[J]. 新中华，1948（6）：47-49.

[3] 傅松滨. 辛勤耕耘 桃李芳菲——记我国著名医学遗传学家李璞教授[M]. 哈尔滨：哈尔滨医科大学出版社，2008：96.

[4] 任礼衍，刘祖洞. 大疱性表皮松解症的遗传[J]. 中华内科杂志，1962（12）：772-776.

[5] 苏祖斐，周焕庚，孙庆懿，等. 先天愚型及其染色体研究[J]. 中华儿科杂志，1963（1-6）：219-222.

[6] 刘祖洞，孙济中，陈寿康. 上睑下垂的遗传[J]. 中华内科杂志，1963（9）：706-708.

[7] 柴建华，刘祖洞. 苯丙酮尿症的遗传学研究[J]. 复旦大学学报（自然科学版），1964（2）：163-171.

[8] 刘祖洞，等. 大别山区"痴呆病"病因的遗传学研究[J]. 遗传学报，1979（1）：140.

[9] 刘祖洞. 遗传与人类疾病（一、二、三、四）[J]. 新医学，1977（9-12），1978（1）.

[10] 褚嘉佑，房琳琳，张加春，等. 吴旻传[M]. 上海：上海科学技术出版社，2006：49，65.

[11] 吴旻，潘孝仁，詹宝光，等. 具有 XXX/XX/XO 及 XY/XO 嵌合型染色体组型两例患者的细胞遗传学研究及其发生机制的探讨[J]. 中华内科杂志，1963（3）：172-178.

[12] 吴旻，凌丽华. 中国人的有丝分裂染色体组型[J]. 解剖学报，1966（3）：326-340.

[13] 同[10]，第65-68页.

[14] 刘笑春. 卢惠霖纪念文集[M]. 长沙：湖南人民出版社，2000：20-21.

[15] 同[14]，第56-59页.

[16] 同[14]，第61-66页.

[17] 同[14]，第72-82页.

[18] 湖南医学院医学遗传组，附二院内科. 染色体显带法及其临床应用[J]. 遗传

学报，1976（1）：39-47.

［19］夏家辉，卢惠霖.一条与人体鼻咽癌相关的标记染色体及其由来的初步探讨［J］.遗传学报，1978（1）：19-23.

［20］李璞，田瑞符，黄秀兰.中国人苯硫脲（P.T.C.）尝味能力的测定［J］.哈尔滨医科大学学报，1965（1）：1-5.

［21］李璞，高治忠，何应龙，等.46（XX）/47（XXY）嵌合型的真两性畸形［J］.哈尔滨医科大学学报，1965（2）：31-36.

［22］李璞，娄焕明.先天愚型的临床及染色体组型的研究（附一例报告）［J］.哈尔滨医科大学学报，1966（1）31-34.

［23］李璞.白血病遗传［J］.遗传与育种，1978（4）：37-38.

［24］李璞.PHA 诱发的淋巴细胞转化及其临床意义［J］.哈尔滨医科大学学报，1977（3）：11-16.

［25］杜顺德.蚕豆病［J］.中华医学杂志，1952（5）：36-42.

［26］杜顺德，高德华.蚕豆病——一例病例检查报告［J］.中华儿科杂志，1955（2）：144-146.

［27］杜传书.蚕豆病病因发病机制研究［J］.中华医学杂志，1963（11）：725-731.

［28］杜传书.遗传性红细胞 6- 磷酸葡萄糖脱氢酶缺乏及有关溶血机制［J］.生理科学进展，1964（4）：337-352.

［29］杜传书.蚕豆病病因发病机制研究的进展［J］.中华内科杂志，1964（5）：473-477.

［30］杜传书.蚕豆病病因发病原理探讨——Ⅲ.红细胞 6- 磷酸葡萄糖脱氢酶杂合子的研究［J］.遗传学报，1974（1）：92-98.

［31］杜传书，许延康，胡修平，著.杜顺德，评阅.蚕豆病［M］.北京：人民卫生出版社，1987.

［32］汪安琦.电离辐射对于动物遗传的影响以及对于人类遗传的危害性［J］.动物学杂志，1960（4）：149-154.

［33］汪安琦，周宪庭，罗丽华，等.人体、猕猴和家兔白血细胞染色体辐射敏感性的比较研究［J］.科学通报，1965（10）：917-918.

［34］汪安琦，周宪庭，宁益华.人体白血细胞体外受 X- 射线照射后染色体畸变的剂量率效应［J］.动物学报，1966（2）：145-152.

［35］汪安琦，杜若甫.MEA 及 AET 对电离辐射所引起的染色体畸变及精原细胞损伤的防护作用［J］.原子能科学技术，1962（11）：845-851.

［36］黄尚志.我国医学遗传学奠基人之一——罗会元［J］.遗传，2014（11）：1179-1181.

［37］赵寿元.全国人类和医学遗传学第一次论文报告会简讯［J］.遗传，1980（1）：20.

第八章　1970 年代困境中艰难行进的中国遗传学

"文革"期间，尽管环境动荡，中国遗传学界仍然有一部分遗传学工作者，极为艰辛地从事着一些应用性的遗传与育种的实践和人类与医学遗传学方面的个别实验研究。

1. 遗传学教学的逐步恢复与学术期刊、论著的零星出版

"文革"的最初几年间，科学出版机构基本处于瘫痪状态，不少学术期刊被迫停刊。1970 年代初期，科学出版机构开始有限度地恢复编辑并出版包括遗传学在内的学术期刊和一些科学读物，以解决当时人们普遍面临的"文化知识饥渴"问题。

（1）少量遗传学学术刊物的编辑与发行

1974 年 6 月，中国遗传学界的核心刊物《遗传学报》创刊。在创刊后的最初 5 年间，该期刊共出版发行了 18 期，刊载了 244 篇文章。

由于当时遗传学教学与学术研究近乎停滞，刊出的文章中很少见到具有原创性的基础性研究内容。更多的内容则主要是介绍各地生产活动中的育种经验，以及配合当时政治形势变化的需要而撰写的革命大批判

文章。

1975 年第 2 期的《遗传学报》刊载了陆师义、郭兴华的《必须批判遗传学理论中的唯心主义和形而上学的观点》文章。[1]该文对法国遗传学家莫诺（J. L. Monod，1910—1976）提出的乳糖"操纵子"的调节系统学说，进行了逐条批判。然而当时一些睿智的遗传学家们，却能透过该篇文章，从一个侧面简要地知道了当时国际遗传学最新进展的有关内容。

1975 年，中国科学院遗传研究所将 1971 年创办的《遗传学通讯》（不定期内部发行刊物，1974 年改为公开发行的季刊），改版为农业科普刊物《遗传与育种》公开发行。该杂志开设了"综述""水稻、小麦""杂粮""经济作物及其他作物""动物、微生物、医学""实验方法和技术"等专栏。从专栏的设置中，可以看出凸显的是偏向"以粮为纲"的农业生产实践，轻视遗传学基本理论介绍的办刊宗旨。1979 年，《遗传与育种》又改名为中级学术刊物《遗传》后，办刊的方向才走向正常轨道。

在 1976—1978 年期间，《遗传与育种》期刊曾连载了由季道藩主讲的"遗传学基础知识讲座"共 12 讲，对遗传学的基础知识、基本理论和实验技术等方面，给予了比较全面的介绍。[2]在这之后不久，季道藩应广大青年读者的要求，将他发表的该连载文章，经过再次修订和补充，以《遗传学基础》为书名，于 1981 年由科学出版社出版。

1972—1973 年，中国科学院遗传研究所结合当时正在开展的小麦、水稻等农作物的单倍体育种，编译出版了反映国外科学研究动态的《遗传与育种》学术资料。1972—1977 年，中国科学院植物研究所也组织编辑出版了《单倍体育种资料集》1—3 集。

1975 年，为适应在全国范围内的"农业学大寨"运动中开展植物遗传育种工作的需要，童一中、高谨编写了《作物遗传育种知识》[3]一书。作为当时在遗传育种学方面少有的公开出版发行的科普读物，该书较为浅显通俗地介绍了作物的进化与繁殖、孟德尔的遗传定律、数量性状的遗传、品种间杂交、远缘杂交、辐射育种和倍数性育种的原理和方法。为了适合当时扎根农村知识青年自学的需要，该书还曾于 1979 年再版发行。

（2）沈善炯、盛祖嘉等对遗传学发展最新动态的大胆介绍

1973 年，沈善炯通过对图书馆内少量期刊的阅读，利用捕捉到的有限信息，在上海植物生理研究所学术会议上，作了"分子遗传学和它的发展趋势"之学术报告。他从"遗传物质和遗传密码""基因作用的调节""细胞分化的遗传学控制"等三个方面，介绍了分子遗传学的基本内容和发展趋势。该报告的全文，后来刊载于《遗传学通讯》[4]上。

1976 年，谈家桢的大弟子盛祖嘉编著了《分子遗传学浅释》[5]一书，由科学出版社出版。该书用比较通俗的笔调，从大家常见的遗传现象开始，阐述了生物体内的大分子物质——核酸和蛋白质的结构、功能以及它们与遗传和变异的关系，并展望了分子遗传学未来的发展和作用。

沈善炯和盛祖嘉等著名学者对遗传学发展最新动态的大胆介绍，对于当时的中国遗传学人来说，犹如久旱逢甘霖。它使中国科学界对分子遗传学这一门新兴的学科，开始有了一个概要性的了解。同时，也使更多遗传学工作者清楚地知道：中国遗传学的现状与国际遗传学向前发展的洪流相比，已经存在着更大的差距。

2."文革"后期高等学校自编讲义的遗传学教学

从"文革"开始后，全国的高等学校停止招生、"停课闹革命"已达 4 年之久，科学出版机构也处于基本瘫痪的状态。从 1970 年开始，中共中央决定从工农兵中招收进入高等学校学习的学生。

在当时极为困难的条件下，全国的综合性大学、农林医师等高等学校，大都先后重新开设起了遗传学、作物遗传育种学和临床遗传学的课程。

为满足当时遗传学教学的迫切需要，不少高等学校先后自行编写了不同风格的、供学生使用的遗传学教学讲义和与之配套的一些教学参考资料。例如，复旦大学遗传教研室植物遗传组编印的《遗传学基本原理》（1973），南开大学遗传教研室编印的《遗传学讲义》（1973、1975），浙江农业大学、江苏农学院、华中农学院和湖南农学院联合编写

的、供援外水稻技术人员进修使用的教材《遗传学基础》（1973），福建农林大学农学系编印的《作物遗传育种学》（1974），兰州大学生物系编印的《作物遗传与育种学》（1975），以及北京师范大学生物系编印的《遗传学讲义》（1974），北京师范学院（现首都师范大学）编印的《遗传育种学讲义》（1975），北京第二医学院（现首都医科大学）编写的《医学遗传学》（1976），等等。这些各校自编的遗传学讲义内容繁简不一，编写内容明显带有"生产带动教学""育种实践重于基础理论"的倾向，并普遍实行"开门办学"以及结合农作物育种和选种、临床实习等以实践活动为主的教学方式。但这些遗传学讲义中，大多数还是涉及了遗传的细胞学基础、孟德尔—摩尔根遗传定律、遗传的物质基础、分子遗传学基础、遗传与进化等基础知识。

　　这一时期编写的不同版本的遗传学教材中，影响比较大的是由当时改名为华北农业大学的北京农业大学、中国科学院遗传研究所、广东农林学院（即现在的华南农业大学）、广东省植物研究所等4个单位联合编写的《植物遗传育种学》。[6]参加该书编写的4个单位，不仅组成了以著名小麦遗传育种学家蔡旭为主编的10人编委会；也汇集了包括编委在内，邀请有鲍文奎、孔繁瑞、胡含等遗传学家参与的19人编写班子；此外，还邀请了吴绍骙、刘后利、庄巧生、吴兆苏、吴鹤龄、盖钧镒等17位遗传学工作者参与专门审稿。该书在1973年定稿后，一直到1976年才由科学出版社正式出版。《植物遗传育种学》全书近90万字，上篇为植物育种的遗传学基础理论；下篇总结了当时植物育种所取得的成就，介绍了各种育种方法。该书作为遗传育种学提高性的理论参考书，尔后经过修订再版，在全国高等农业院校被广泛使用。

3. 有关遗传育种的两次全国性会议

　　1972年3月，来自全国24个省、自治区、直辖市以及农业部和中国科学院等71个单位的143名正式代表、83名列席代表和农民育种家，参加了中国科学院在海南召开的"遗传育种学术讨论会"。这次遗传育种学术讨论会，分别就"遗传学的批判与继承""植物雄性不育和杂种优势的研究及其利用""遗传育种中的新技术、新方法"和"植物、动物杂交育种"等方面交换了意见。会后，由科学出版社编辑出版了只限国内发行的《遗传育种学术讨论会文集》。

在讨论会文集汇总的 32 篇文章中，值得重点提到是，李汝祺本着敢想敢说的精神，以"对摩尔根遗传学的一些看法"为题所做的大会发言。他在发言中简述了孟德尔遗传学说的基本要点后，首先指出"孟德尔所研究的问题是来自生产实践，也就是在生产实践上所迫切要求解决的问题"。

在举出了大量事实之后，李汝祺着重谈道："孟德尔所证明的遗传规律是从实践中来，所以还能回到生产中去。直到现在，它对作物和家畜的杂交育种仍然具有一定的指导意义。"[7]李汝祺的这些对遗传学问题的真知灼见，至今仍然能给我们带来历史的启迪和哲学思考。

在这次讨论会上，有人提出了一种奇怪的观点，即"既不要相信米丘林，也不要相信摩尔根，要相信中国的农民科学家"。最突出的一个例子就是来自四川省简阳县的种棉能手张泗洲，应邀在会上介绍了他使用染料涂抹棉花的雌蕊柱头，可以培育出"有色棉"的育种技术。

被指派参加海南会议的复旦大学生物系代表，回到学校介绍了讨论会的情况后，学校的"工宣队"头头便专门找到正在上海市郊区的农场接受批判和劳动改造的谈家桢，追问他是否相信农民育种家张泗洲培育出的"有色棉"一事。谈家桢当即回答道："搞科学研究，至少需要具备两点：一是观察，二是实验。我既没有亲眼看见，又没有进行过实验，不敢妄加评论。"

其结果，谈家桢便被安排前往四川省简阳县的棉丰公社，"学习"张泗洲的棉花育种技术。[8]谈家桢到达成都后，在四川大学派出的蓝泽蓬等人陪同下，来到张泗洲那里。张泗洲向谈家桢介绍了他"用染料涂抹棉花植株雌蕊的柱头，可以培育出有色棉"的"奇想"和具体的操作过程。在通过对张泗洲的棉花试验田进行实地参观和考察，并做了多次询问与交谈后，谈家桢认为"用染料涂抹棉花植株雌蕊的柱头"的技术处理，是不能得到可遗传的有色棉的。[9]后来的事实也充分证明，张泗洲的"有色棉"就是一个经不起考证的小骗术。

在海南召开"遗传育种学术讨论会"之前，中国农林科学院还先后在辽宁、山东两地，召开了"杂交玉米和杂交高粱经验交流会议"。参加这次会议的中国科学院、中国农林科学院、北京农业大学等科研、教学、生产单位的代表，交流了我国在杂交玉米和杂交高粱方面进行遗传育种的新成果，介绍了新培育的自交系、新的单交种和双交种组合，总结了杂种优势利用的情况，探讨了雄性不育与"三系"配套的研究途径和新进展。会议交流材料由中国农林科学院科技情报研究所汇编成册，作为内部资料供有关部门和遗传育种技术人员参考。[10]

4. 植物单倍体育种研究取得的成就

单倍体育种是一种从花粉诱导为单倍体培育良种的快速育种方法。我国从 20 世纪 70 年代开始，先后开展了小麦、水稻、油菜、玉米等农作物和烟草、棉花、杨树等经济作物的单倍体育种工作，并且取得了一些领先于世界的遗传育种成就。

（1）欧阳俊闻、胡含等学者在小麦花药离体培养育种上的研究

20 世纪 70 年代初期，中国科学院遗传研究所的科技人员李良才和欧阳俊闻，从国外的一则《曼陀罗花药培养获得再生植株》的简讯中获得灵感，思考建立一种新的育种方法。在讨论研究计划的会议上，时任遗传所领导的胡含对开展花药培养育种方法表示大力支持，并提出应该开展具有国际水平的研究项目。[11]考虑到当时特定的环境条件，胡含不仅阐述了选题对科学研究的重要性，从花药培养的作用原理上进行了分析；还提出应该在水稻、小麦等主要农作物上，开展花药离体培养技术的研究，争取能够有所突破。胡含本人也身体力行，参与了遗传所科研团队的单倍体育种探索。通过对培养基的系统筛选和培养条件的优化以及基因型的选择，该研究团队建立了一套完整的小麦、水稻花药离体培养的实验操作体系。

1971 年 3 月，欧阳俊闻、胡含等人用温室栽培的春性和半冬性小麦为材料，培育得到了世界上第一株小麦花粉单倍体植株。[12]

1972 年，创刊不久的中国科学院遗传研究所内部刊物《遗传学通讯》，首次报道了"离体培养小麦花药诱导花粉植株"成功的消息。[13]

1973 年，在《中国科学》正式复刊后的第 1 期英文版（*Scientia Sinica*，Vol.16，No.1）上，才对外正式发表由欧阳俊闻、胡含、庄家骏、

曾君祉等署名的《小麦花粉植株的诱导及其后代的观察》之研究论文。该篇研究论文的发表，在国外引起了很大的反响，获得国际上同行的高度关注，340多份英文版论文抽印本很快就被国外学者索取完毕。

中国科学院遗传所成功培育出世界上第一株小麦花粉植株，且染色体数目成功加倍的原创性遗传学研究成果，紧接着在水稻、玉米等农作物以及三叶橡胶等的花药培养上取得成功，由此开辟了植物遗传学研究的新领域。1974年4月，遗传所在广州举办了花粉培养工作经验交流会。

（2）方宗熙等学者开创的海带单倍体育种技术

1973年，方宗熙和戴继勋等人开始对海带单倍体的遗传育种进行比较系统的研究。面对缺设备、少仪器、人手不够的困难，他们因陋就简，积极上马。没有车子运海水，就用水桶到海边去提；没有显微操作器来分离出单个配子体，就用自己制作的微小的滴管来代替。[14]1976年，他们成功地对海带的雌配子体进行了分离培养，并通过诱发孤雌生殖建立起海带的单倍体育种技术，培育出了"单海一号"等海带单倍体的新品种。

方宗熙等人的研究成果，不仅成为开创我国海洋生物细胞工程育种工作的里程碑，也是我国褐藻遗传育种领先全世界同类研究的标志性成果。

（3）罗鹏等学者的油菜孤雌生殖的理论研究及实际应用

1972年，四川大学生物系罗鹏领导的植物遗传组，通过查阅科技文献资料和实地调查，确定了"油菜孤雌生殖的细胞遗传学及育种"的探索方向，首创并推动了我国油菜孤雌生殖的理论研究及实际应用。罗鹏与他的助手蓝泽蘧等人，通过田间试验的研究发现，油菜孤雌生殖纯合自交系由于在单倍性世代淘汰了若干不利性状，遗传纯合的后代性状整齐一致，因此具有较好的育种价值，可作为优良的遗传资源。短短的几年间，他们先后发表了《人工诱发油菜孤雌生殖单倍体的研究》[15]等多篇有关油菜及其近缘植物遗传资源的论文，并获得1978年全国科学大会奖。

20世纪70年代进行的单倍体育种工作还有：从1971年起，中国科学院植物研究所便与山东烟草研究所协作，开展了烟草单倍体育种工作，并选育出烟草"单育一号"等新品种。在此期间，中国农业科学院棉花研究所也与江苏农科院合作，利用花药培养诱导棉花单倍体。到1977年，他们已经在诱导亚洲棉、陆地棉和海岛棉的花药愈伤组织和愈伤组织分化出根以及花粉离体培养技术方面，积累了一定经验，取得了一些进展。

5. "籼型杂交水稻"的社会主义大协作研发

早在20世纪20年代，在我国稻作学界曾享有"南丁（丁颖）""北赵（赵连芳）"之美称的两位农学先驱，就开始着手水稻杂交育种的研究。

（1）遗传育种学家对杂交水稻的早期探索

1926年，丁颖将在广州附近沼泽地发现的犀牛尾野稻经过多年培育，于1933年育成第一个水稻杂交品种"中山1号"。[16]

1928—1934年，赵连芳等在南京中央大学等高等学校，开展了水稻不同品种遗传因子的杂交试验，他们先后育成了"中大帽子头"和"中大258""南特号"等。

在这前后，赵连芳的弟子管相桓、涂敦鑫、冯天铭等人，也在水稻天然杂交率、亲本选配、杂交去雄技术、杂交结实率、杂种后代的处理等多个方面，进行了系统的研究，并在《中华农学会报》等学术期刊上，发表了多篇研究论文。[17]

1951年，早年曾跟随赵连芳担任助理的杨守仁，在美国威斯康辛大学获得博士学位回国后，也开始了籼粳稻杂交育种的研究探索。杨守仁在多年的亲力亲为中，不仅发表了《籼粳稻杂交问题之研究》[18]《籼粳稻杂交育种研究》[19]等系列研究论文，扼要而系统地论述了在籼粳稻杂交育种、水稻理想株形育种和水稻超高产育种等基础研究领域内，取得的开拓性成果，并且构建了国内最大的水稻遗传育种学家学术谱系。

这一系列具有先导作用的水稻遗传育种研究工作，特别是管相桓等人的杂交水稻育种的长期探索，在理论、思路、方法、技术与材料等多个方面，都为20世纪60年代开始的称为"社会主义大协作产物"的"籼型杂交水稻"的培育成功，打下了不可忽略的基础。

（2）袁隆平、李必湖、颜龙安、张先程等学者的"野败型"杂交水稻

1964 年，深受导师管相桓"水稻的出路在于杂交"之思想启蒙的袁隆平（1930—2021），[20]通过从湖南省农科院图书馆等处获得的情报源，在湖南安江农校的试验田中，利用发现的水稻雄性不育株，与他的助手李必湖、尹华奇等一起，开始了利用"三系法"进行杂交水稻育种的探索。

为了进一步明确杂交水稻研发的方向与目标，袁隆平（1930—2021）曾先后于 1962 年暑假、1968 年 8 月和 1970 年 11 月三次专程到北京，就杂交水稻研发的理论与研究中遇到的学术观点与技术问题，向著名的遗传育种学家鲍文奎请教。

鲍文奎在与袁隆平的谈话中，很鲜明、尖锐地批判了李森科在学术观点上的错误，鼓励他在杂交水稻的育种科研上要敢于大胆探索，并且特别指出"实事求是才是做学问的态度"。

1966 年，袁隆平在《科学通报》上发表《水稻的雄性不孕性》之综述文章，[21]引起了国家科委和湖南省有关领导的高度重视和大力支持，由此迈出了用"三系法"开展杂交水稻研究的第一步。他们首先在湖南省，随后推广到全国的稻作区，动员了有大量农技人员和农民参加的寻找"不育系"的工作。

1970 年，李必湖得到海南崖县南红农场技术员冯克珊的协助，在离该农场不远的一片沼泽地里的野生稻中，发现了一株花粉败育株（后来命名为"野败"）。"野败"的发现和之后的转育成功，为杂交水稻研究打开了突破口，结束了当时杂交水稻的研究徘徊不前的局面。[22]

翌年春，李必湖将精心呵护的"野败"植株，用无性繁殖方法扩大到 46 蔸。他把培育出的这些"野败"材料分送给全国 13 个省市的农业科技人员，由此开始了以袁隆平、李必湖、颜龙安、张先程等人为主参与的，一个在全国范围内的社会主义协作的大攻关。

1971 年，江西省农业科学研究院的颜龙安等人利用引进的"野败型"不育材料，采取遮光和保温等技术处理，于 1972 年最先选育出"二九矮 4 号""珍汕 97A"的不育系和保持系，敲开了杂交水稻"三系"配套的大门。[23]

在这期间，广西大学农学院的张先程等人，受到当时湖南农学院裴新澍提出的植物雄性不育和杂种优势的"亲缘学说"[24]之启发，选用来自东南亚的亲缘关系较远的 IR 系水稻品种，于 1973 年 10 月育成"野败型"的恢复系"IR24"，为实现杂交水稻的"三系"配套作出了关键性的贡献。[25]

也就在同一年，袁隆平的研究团队育成了"二九南 1 号 A"不育系；周坤炉等人育成了"71-71A""V20A"等不育系；黎垣庆等人测出了"IR24"具有恢复力，并于当年实现"三系"配套。至此，我国利用"三系法"培育"野败型"籼型杂交水稻的配套技术取得成功。中国由此成为世界上第一个培育成功并大面积推广应用杂交水稻的国家。

1981 年 6 月 6 日，在国家科委、国家农委联合召开的授奖大会上，全国籼型杂交水稻科研协作组荣获新中国成立以来的第一个国家级发明特等奖。同一天，国务院给全国籼型杂交水稻科研协作组发去了贺电，《人民日报》等主要新闻媒体做了专门的报道。在颁发的特等奖发明证书上，获奖人的排名依次为：袁隆平、颜龙安、张先程、李必湖等 20 多人。

"野败型"籼型杂交水稻的培育成功，是在特定的历史条件下，作为国家重点科研项目，自上而下有领导、有组织、有计划、有安排，调动了全国十九个省、自治区、直辖市，成立了有领导干部、农民群众和科技人员参加的"三结合"攻克难关的科研协作机构，动员了几十万农民群众参加的一项社会主义大协作的劳动成果。

在当时的大环境下，一个地方，一个单位的研究成果和育种材料，很快就成为大家的共同财富。一个育种材料被发现后，经过多方观察，反复分析和鉴定，也很快就能摸清其特点，确定其价值。一个新的课题出现后，又能四面八方，一齐动手，从不同角度进行研究试验，很快就可以取得突破。

（3）从事"籼型杂交水稻"其他类型研究的遗传育种学家

1960—1970 年代，在国内从事"籼型杂交水稻"育种研究的遗传育种学家还有：

从 1965 年起，四川农业大学的李实蕡（1924—1997）与周开达（1933—2013）等人，利用从西非引进的晚籼栽培良种"冈比亚卡（Gambiaka Kokum）"，与我国早籼栽培良种"矮脚南特"作亲本进行杂交，首创出"籼亚种内品种间杂交培育雄性不育系"。[26]

紧接着，周开达等人以选育出的"冈-D型"不育系材料，培育出了以D优63、D优10、D优68、D优162、冈优23、冈优12、冈优22、冈优527等10个在西南地区推广种植的，高产优质抗病组合的杂交稻新品种。

从1972年起，武汉大学的朱英国（1939—2017）等人也选用海南岛的红芒野生稻与江西地方品种"莲塘早"杂交，培育出"红莲型"的雄性不育系。[27]

（4）杂交水稻育种的理论探索与学术交流

在"籼型杂交水稻"的研发过程中，许多农业科研机关、高等学校的专业研究人员，同育种工作者和农民群众密切配合，对水稻等农作物的"三系"配套和一些杂交组合的材料，从细胞学、遗传学、生理生态学等方面着手，也进行了基础理论和实验研究等方面的一些初步探索，并取得了一定的研究成果。

1972年，在长沙召开的全国杂交水稻科研协作会上，裴新澍提出了植物雄性不育和杂种优势的"亲缘生态理论"。《广西日报》记者做了现场采访，并发布了"亲缘生态开创了籼型杂交水稻研究新途径"的专题报道。[28]同时，湖南农学院水稻杂种优势利用研究小组，还发表了有关水稻杂种优势与雄性不育问题探讨的文章。

1975年，复旦大学的蔡以欣、武汉大学的张彦璧和中山大学的李宝健等人，就"雄性不育的遗传机理"等问题，进行过专题研讨并进行了学术交流。[29]

1974—1976年，中山大学的李宝健等人还就作物"三系"生物学特征的研究，做了一些初步的实验，发表了有关的研究论文。[30]

注释：

[1] 陆师义，郭兴华. 必须批判遗传学理论中的唯心主义和形而上学的观点[J]. 遗传学报，1975（2）：106-112.

[2] 季道藩. 遗传学基础知识讲座（12讲）[J]. 遗传与育种，1976-1978.

[3] 童一中，高谨. 作物遗传育种知识[M]. 上海：上海人民出版社，1975.

［4］沈善炯．分子遗传学和它的发展趋势［J］．遗传学通讯，1973（1）：38-45.

［5］盛祖嘉．分子遗传学浅释［M］．北京：科学出版社，1976.

［6］蔡旭．植物遗传育种学［M］．北京：科学出版社，1976.

［7］《遗传育种学术讨论会文集》汇编小组．遗传育种学术讨论会文集［M］．北京：科学出版社，1973：16-17.

［8］赵功民．谈家桢与遗传学［M］．南宁：广西科学技术出版社．1996：189-190.

［9］冯永康．缅怀大师 铭记教诲——谈家桢与四川遗传学发展的往事回忆．复旦生科院全球校友会，2019年4月4日.

［10］中国农林科学院科技情报所．全国杂交高粱、杂交玉米经验交流会材料选编（内部资料）［M］．中国农科院，1972.

［11］景建康，黄玉萍，张相岐．中科院遗传所首任所长胡含：探索细胞遗传机理的红色科学家［N］．中国科学报，2016年1月31日.

［12］宋振能．我国花药培养和单倍体育种研究的成就［J］．中国科学院院刊，1988（3）：268.

［13］中国科学遗传研究所三室一组（执笔人欧阳俊闻）．离体培养小麦花药诱导花粉植株［J］．遗传学通讯，1973（2）：1-12.

［14］宫苏艺．开拓与播种——记山东海洋学院方宗熙教授［J］．人民教育，1980（5）：9.

［15］四川大学生物系植物遗传组．人工诱发油菜孤雌生殖单倍体的研究［J］．遗传学报，1976（4）：293-299.

［16］张玉台，葛能全，郭传杰．丁颖［M］//中科院学部联合办公室．中国科学院院士自述［M］．上海：上海教育出版社，1996：309.

［17］赵连芳．水稻育种之理论与实施［J］．中华农学会报，1933（114）.

［18］杨守仁，赵纪书．籼粳稻杂交问题之研究［J］．农业学报，1959（6）：256-269.

［19］杨守仁，沈锡英，顾慰连，等．籼粳稻杂交育种研究［J］．作物学报，1962（2）：97-102.

［20］金开泰．百年耀千秋——华西协合大学建校百年历史人物荟萃［M］．北京：中国文化出版社，2010：150.

［21］袁隆平．水稻的雄性不孕性［J］．科学通报，1966（4）：85-88.

［22］李必湖．我们是怎样研究杂交水稻的［J］．植物学报，1977（1）：8.

［23］杨冬赓．访我国籼型杂交水稻研究开拓者——颜龙安［J］．中国农业信息，2008（5）：14-15.

［24］裴新澍．生物进化控制论［M］．北京：科学出版社，1998：428-431.

［25］张先程．籼型"三系"杂交水稻雄性不育遗传理论的探讨［J］．广西农学院学报，1982（1）：40-41.

［26］四川农学院农学系水稻研究室．冈型杂交水稻的选育与利用［J］．今日种业，1979（2）：1-7.

［27］湖北省水稻杂种优势利用研究协作组．野生稻和栽培稻杂交选育三系的研究［J］．武汉大学学报（自然科学版），1975（4）：21-28.

［28］覃绍国，韦作玉．参加杂交水稻雄性不育理论评议会的专家确认亲缘生态理论开创了籼型杂交水稻研究新途径［N］．广西日报，1982年2月26日.

［29］蔡以欣，张彦壁，李宝健．雄性不育的遗传机理是什么［J］．自然科学争鸣，

1977（5）：46-56.

［30］中山大学生物系遗传组，广东省农作物杂种优势利用研究协作组.作物"三系"生物学特征的研究——Ⅲ.几种水稻雄性不育类型的花粉形成与发育的细胞形态、代谢障碍和药隔维管束发育的比较研究［J］.遗传学报，1976（2）：119-131.

第九章　中国遗传学家取得的个别原创性研究成果

20 世纪 70 年代前后，处于艰难困境中的中国遗传学家和遗传育种学家不仅紧密结合农业生产的实际，进行着不同农作物的育种实践探索，也在医学遗传学、微生物遗传学等研究领域中进行了一些大胆的尝试，并先后取得了被国际科学界所公认的一些原创性研究成果。

1. 鲍文奎的禾谷类多倍体育种研究

早在 20 世纪 40 年代末，鲍文奎留学美国加州理工学院进行链孢霉菌的生物化学遗传研究时，就开始关注新型育种技术——多倍体育种。

1950 年 9 月，鲍文奎带着用省下的微薄生活费购买的多倍体育种所必需的秋水仙素、紫外光管以及 X 光管等实验材料和设备，经过一番坎坷的回国旅程，来到了四川省农业科学研究所（现在的四川省农业科学院）。他在严育瑞、冯天铭等助手的协助下，开展起了水稻、大麦、黑麦的同源多倍体以及小麦—黑麦杂种双二倍体等禾谷类作物的多倍体遗传育种工作。

1956 年 6 月《科学通报》发表专题社论，评述了鲍文奎遭到李森科追随者压制这一典型事件。[1] 8 月 25 日，《人民日报》专版发表了鲍文奎的署名文章《我们研究多倍体的前后》，[2] 紧接着《新华半月刊》在第

18期上作了及时转载。新闻媒体的这些举措，表明了党报党刊对科研工作者的声援。稍后，《植物学报》发表了鲍文奎和严育瑞合著的论文《几种禾谷类作物的同源多倍体和双二倍体的研究初报》。[3]鲍文奎几年来的多倍体育种理论和实践，再一次得到了有关学术机构的支持。

1956年10月，鲍文奎从当时的四川农业科学研究所调到北京，来到中国农业科学院。当时中国农业科学院尚处在筹备阶段，没有任何实验设备条件。为了便于立即开展工作，筹备处专门安排鲍文奎暂时到北京农业大学农学系工作，并拨给经费1.1万元，用以购置急需的实验设备。北农大农学系的系主任蔡旭将鲍文奎安排在李竞雄的遗传学Ⅰ（即摩尔根遗传学）教研组，积极提供稻、麦的试验田并安排工人，还立即修建百余平方米的土温室。1957年春，水稻、麦类植物的多倍体育种研究，在北京农业大学重新开展起来。[4]

从1957—1966年，鲍文奎等人（图3.9.1）通过先后9次制种，共获得了八倍体小黑麦原始品系4 695个，创造了一批性状极为丰富的人工资源，并在1966年选育出可用于生产的品系，其结实率达80%左右。1972年，鲍文奎倾注毕生心血在世界上首次培育成的"小黑麦2号""小黑麦3号"等异源八倍体小黑麦，被引种到贵州省威宁县等地的高寒山区和丘陵地区推广种植，产生了较大的经济效益和社会效益。[5]到1978年，全国小黑麦种植面积达到2.66万公顷。这以后，鲍文奎又确定了"培育高产、优质、多抗的八倍体小黑麦新品系"的目标，并继续坚持不懈地努力。

图3.9.1　鲍文奎（左二）与他的小黑麦研究

与此同时，鲍文奎还和严育瑞等通过多年对选用不同品种的水稻、大麦、小麦等禾谷类作物，进行人工诱变多倍体的试验研究，根据试验资料和选种的初步成果，从理论上作出了分析，从方法上给予了总结。

他们先后在《植物学报》《作物学报》等重要的学术期刊上，发表了《几种禾谷类作物的同源多倍体和双二倍体的研究初报》[6]《禾谷类作物的多倍体育种方法的研究：Ⅰ.四倍体水稻》[7]《禾谷类作物的多倍体育种方法的研究：Ⅱ.小麦与黑麦可杂交性的遗传 》[8]《禾谷类作物的多倍体育种方法的研究：Ⅲ.加倍小麦——黑麦杂种第一代染色体数的秋水仙精技术》[9]等多篇研究论文。

20 世纪 70 年代后期，为了加快杂种后代优良选株的纯化或稳定，鲍文奎还提出了用试管苗无性繁殖的方法，使优良选株繁殖成无性系的育种思路。

鲍文奎等人从 1950 年代初期开始进行的禾谷类多倍体育种的研究，为国内在 20 世纪 60 年代至 70 年代大规模地开展农作物的遗传育种，包括"籼型杂交水稻"的社会主义大协作研发，提供了遗传学理论的支撑和育种方法的启迪。

2. 李振声的小麦与偃麦草远缘杂交研究

1951 年，李振声（1931—　　）从山东农学院毕业后，来到刚成立不久的中国科学院遗传选种实验馆，师从土壤学家冯兆林开展通过牧草种植改良土壤和土壤水分运动规律的研究。1956 年，他积极响应党和国家的号召，离开北京前往位于陕西杨凌的中国科学院西北农业生物研究所继续研究牧草。

目睹当时俗称"小麦癌症"的小麦条锈病在关中地区大流行，李振声开始思考是否能通过小麦与野生牧草的远缘杂交，来培育抗病性强的小麦品种。通过查阅文献资料，他从小麦与偃麦草杂交的首创者苏联生物学家齐津（N. V. Tsitsin）那里得到了启发。

李振声在带领课题组做了大量的细胞遗传学研究的基础上，确定了小麦远缘杂交育种研究的新方向。他们的工作首先以选育大穗、抗倒、抗病的高产小麦新品种，及创造多年生小麦为目标。在工作开始时，他

图 3.9.2　李振声正在观察小麦样本（1958）

们进行了较多的野生禾本科植物与小麦的试探性杂交，然后才偏重于小麦与偃麦草的杂交研究。[10]

1957—1961 年，李振声（图 3.9.2）等结合小麦—偃麦草的杂交育种工作，对杂种的夭亡与不孕现象、产生的原因及克服的方法等问题，作了一些观察和研究。[11]在长达 20 年的普通小麦与长穗偃麦草的杂交育种探索中，李振声带领的团队弄清楚了长穗偃麦草的特性和染色体组型，找到了克服杂交不育和杂种不育的方法，明确了杂交育种的程序及其遗传分析，选出了小偃麦八倍体、异附加系、异代换系，最终育成抗病、高产、稳产、优质的以"小偃 6 号"为代表的系列新品种。[12]

"小偃 6 号"的育成，开创了我国小麦远缘杂交品种在生产上大面积推广应用的先例。1979 年，"小偃 6 号"开始参加区域试验，随后大面积示范推广。当时，陕西农村流传着"要吃面，种小偃"的说法。1985 年，"小偃 6 号"获得国家发明一等奖。这个品种已成为我国小麦育种的重要骨干亲本，衍生出 50 多个品种，累计推广种植 3 亿多亩，增产超 150 亿斤。

历经长达 55 年的科学生涯，李振声根据主要通过小麦远缘杂交育种和染色体工程育种等具有开创性的遗传学研究，撰写的研究论文，汇集成《李振声论文选集》，[13]2007 年由科学出版社出版。

3. 沈善炯的固氮基因结构与调节的研究

1950 年沈善炯在加州理工学院获得博士学位，于 8 月登上"威尔逊总统号"轮船踏上归国旅程，历经近 3 个月的监禁磨难终于回到祖国。

翌年，热爱科学研究的沈善炯，选择进入正在筹建中的中国科学院上海植物生理研究所工作，并在这里走完了 70 年艰辛而有突出贡献的科学研究人生。

1974年，沈善炯在图书馆中查寻、阅读、抄写与遗传学研究有关的文献过程中，从美国加州大学瓦伦泰（R. C. Valentine）等人研究生物固氮的文章中得到启发，确定了从生物固氮的遗传学研究开始，争取尽快赶上国际遗传学发展的步伐。他带领着年轻的弟子们，顶着压力和阻力，选取自身固氮细菌克氏肺炎杆菌为模式生物，开始研究固氮（*nif*）基因组的精细结构和*nif*基因的调节。

沈善炯和他的助手们在缺乏基础又极端困难的条件下，一切从头开始。在短短的三年时间里，他们就证明了固氮（*nif*）基因组呈一簇排列，无分隔区，纠正了当时国外科学家认为基因间有"静止区"的观点。这一重要的研究成果，为我国的固氮遗传学研究奠定了基础。[14]

1977年12月，沈善炯（图3.9.3）等撰写的 "*Genetic Analysis of the Nitrogen Fixation System in Klebsiella Pneumonia*" 研究论文发表在《中国科学》期刊上。[15]该论文用英文及时发表，很快便得到国际研究固氮基因的权威学者，美国威斯康辛大学的布里尔（Winston Brill）教授的很高评价。这也是在"文革"结束不久，我国科学家发表的第一篇遗传学研究论文。它标志着遗传学研究在中国的复苏。

图3.9.3　中国代表团参加国际固氮会议合影（1978）（左起3沈善炯）

1978年，美国加州理工学院为纪念摩尔根建立生物学系50周年，特别邀请沈善炯在以"基因、细胞和行为"为主题的学术会议上做了专题报告。他在报告中系统阐明了固氮基因受氧、铵和温度的调节均通过

固氮正调节基因 *nifA* 的作用机理，提出双层子调节学说。该学说已经被证实，并在实践中得到应用。[16]

4. 刘祖洞与曾溢滔等人的血红蛋白研究

早在 20 世纪 50 年代末，被谈家桢慧眼识珠、破例招生进入复旦大学深造的曾溢滔（1939—　），在跟随刘祖洞就读人类遗传学研究生时，就毅然选择了血红蛋白的生化遗传作为实验研究的主攻方向。

1965 年，刘祖洞与曾溢滔等人撰写的《两个新型的血红蛋白 M》[17]《血红蛋白的种间杂交和人类血红蛋白异常肽链的鉴定》[18]《血红蛋白 M 病：报道两种新类型》[19]《一种新型的不稳定血红蛋白病》[20] 等研究论文，在《科学通报》《中华内科杂志》等期刊上相继发表。

图 3.9.4　曾溢滔（右）与夫人黄淑帧（左）

1975 年，在谈家桢、刘祖洞的大力支持和直接指导下，曾溢滔利用空暇时间将他进行了长达 10 余年的血红蛋白研究工作的资料，整理成论文《异常血红蛋白生化遗传的研究》[21]，发表在重要学术期刊《中国科学》上，该项研究于 1978 年获得全国科学大会奖。

5. 韩安国首创吸取绒毛细胞检查性染色体的技术

韩安国（1930—1994）于 1954 年毕业于四川大学华西医学院（原四川医学院）医学本科后，被派到东北"支援鞍钢建设"，就职于鞍钢铁东医院妇产科。1970 年，他在当"地段"医生时，从读书中获取了有关性染色质的内容，开始思考怎样将其用于临床上做早孕胎儿性别的诊断。1971 年，鞍钢总医院成立了由韩安国任组长的胎儿早期性别鉴别研究小组。他们首创了在妊娠早期，从宫颈插入连接注射器的、带刻度的外径 3 mm 的细长铜套管，试图通过负压吸取绒毛，以观察绒毛细胞中的 X 性染色质来预测胎儿性别的探索。

1973 年，韩安国等人对经宫颈插入微细导管抽取的绒毛细胞进行培养，通过临床试验的观察，首次报告了利用胎儿绒毛细胞进行细胞遗传学分析的初步研究结果。他们撰写的《应用绒毛细胞性染色质预测早期妊娠胎儿性别 50 例初步报告》[22]《检查绒毛细胞性染色质预测早期妊娠胎儿性别初步报告》[23] 等研究论文，以"鞍山钢铁公司铁东医院妇产科"的署名，发表在《科学通报》《中华医学杂志》等学术期刊上。

图 3.9.5　绒毛细胞培养用于产前诊断成果鉴定会与会全体人员合影（前排左 7 韩安国）

1975 年，《中华医学杂志》英文版复刊后，韩安国等人（图 3.9.5）用绒毛在早孕期间做性别预测的研究论文 "*Fetal Sex Prediction by Sex*

Chromatin of Chorionic Villi Cells During Early Pregnancuy",又发表在复刊后第一卷第 2 期上。[24]

该项研究成果的中英文版论文相继发表后,国内外的同行一致认为,韩安国等人的实验研究的医学价值,在于提供了一种可用于产前诊断的新选择,一种可被广泛应用于染色体病的产前诊断和单基因病产前基因诊断的新技术。这在当时公认为是一项有着广泛而深远的国际影响的原创性研究成果。

从上面简要的追述中可以看出,处于 20 世纪 70 年代艰难困境中的中国遗传学家们,通过极为艰辛和执著的努力,不仅以在农作物的遗传育种方面所进行的有益探索,也以在人类与医学遗传学和微生物遗传学研究等不同领域所取得的个别原创性的研究成果,为 1976 年"文革"结束后,中国的遗传学的迅速重建和发展,保存和积蓄了一定的有生力量。

注释:

[1] 中国科学院《科学通报》编辑部社论.贯彻百家争鸣的方针,积极开展学术上的自由讨论[J].科学通报,1956(6):3.

[2] 鲍文奎.我们研究多倍体的前后[N].人民日报,1956 年 8 月 25 日第 7 版.新华半月刊转载,1956(18):138-140.

[3] 鲍文奎,严育瑞.几种禾谷类作物的同源多倍体和双二倍体的研究初报[J].植物报,1956(3):297-316.

[4] 张藜,郑丹.我们在中宣部科学处——黄青禾、黄舜娥先生访谈录[J].科学文化评论,2009(4):72.

[5] 于有彬.鲍文奎——绿色的目标[J].自然辩证法通讯,1979(3):89-91.

[6] 鲍文奎,严育瑞.几种禾谷类作物的同源多倍体和双二倍体的研究初报[J].植物学报,1956(3):297-316.

[7] 严育瑞,鲍文奎.禾谷类作物的多倍体育种方法的研究:Ⅰ.四倍体水稻[J].农业学报,1960(1):1-19.

[8] 严育瑞,鲍文奎.禾谷类作物的多倍体育种方法的研究:Ⅱ.小麦与黑麦可杂交性的遗传[J].作物学报,1962(4):331-350.

[9] 鲍文奎,严育瑞,王崇义.禾谷类作物的多倍体育种方法的研究:Ⅲ.加倍小麦——黑麦杂种第一代染色体数的秋水仙精技术[J].作物学报,1963(2):161-176.

[10] 中国科学院西北生物土壤研究所小麦远缘杂交研究小组.小麦与偃麦草杂交的研究(一)[J].遗传学集刊,1960(1):19-39.

[11] 李振声,陈漱阳,李容玲,等.小麦—偃麦草杂种夭亡与不孕问题的探讨——

小麦与偃麦草杂交的研究（二）［J］. 作物学报，1962（1）：19-26.

［12］西北植物研究所远缘杂交组. 小麦与偃麦草杂交的研究（三）［J］. 遗传学报，1977（4）：283-299.

［13］李家洋. 李振声论文选集［M］. 北京：科学出版社，2007：3.

［14］沈善炯，述，熊卫民，整理. 沈善炯自述［M］. 长沙：湖南教育出版社，2009：250.

［15］薛中天，金润之，余怡怡，等. Genetic Analysis of the Nitrogen Fixation System in Klebsiella Pneumonia［J］. 中国科学，1977（6）：807-817.

［16］同［14］第250页.

［17］吴文彦，黄淑帧，宋杰，等. 两个新型的血红蛋白M［J］. 科学通报，1965（5）：443-446.

［18］曾溢滔. 血红蛋白的种间杂交和人类血红蛋白异常肽链的鉴定［J］. 科学通报，1974（5）：238-241.

［19］吴文彦，黄淑帧，宋杰，等. 血红蛋白M病：报道两种新类型［J］. 中华内科杂志，1965（7）：623-628.

［20］曾溢滔，刘祖洞. 一种新型的不稳定血红蛋白病［J］. 陕西新医药，1974（2）：18-25.

［21］曾溢滔. 异常血红蛋白生化遗传的研究［J］. 中国科学A辑，1975（4）：419-430.

［22］鞍山钢铁公司铁东医院妇产科. 应用绒毛细胞性染色质预测早期妊娠胎儿性别50例初步报告［J］. 科学通报，1973（3）：142-144.

［23］鞍山钢铁公司铁东医院妇产科. 检查绒毛细胞性染色质预测早期妊娠胎儿性别初步报告［J］. 中华医学杂志，1973（9）：521-524.

［24］Department of Obstetrics and Gynecology, Tietung Hospital of Anshan Irom and Company, Anshan.Fetal Sex Prediction by Sex Chromatin of Chorionic Villi Cells During Early Pregnancuy［J］. 中华医学杂志（英文版），1975（2）：117-126.

结语

遗传学在中国，经历了一个"孕育—初创—曲折—重建"的长达100年的筚路蓝缕的发展历程。

1949年之前的中国处于长时间的战乱状态，以陈桢、李汝祺、卢惠霖、李先闻、谈家桢、李景均等为代表的老一辈遗传学家，以自己的艰辛努力和执着追求，为现代遗传学在中国的创生和发展，奠定了一个良好的基础。

1952—1956年，由于苏联李森科错误学术思想的干扰与影响，孟德尔—摩尔根遗传学在中国受到了批判。1956年，在毛泽东提出的"双百方针"指引下召开的青岛遗传学座谈会，纠正了把遗传学分成无产阶级科学和资产阶级科学的错误，纾解了积压在中国遗传学家心中的压力。特别在青岛遗传学座谈会召开之后，毛泽东多次专门接见谈家桢，鼓励他要"把中国遗传学搞上去"的谆谆话语，增添了中国遗传学家坚持真理、不断追求的勇气、智慧和力量。

1966年到1976年"文革"期间，遗传学也和其他自然科学学科一样遭到了批判。中国遗传学界几乎失去了与国际遗传学界的各种联系与学术交往。但处于艰难困境中的中国遗传学家克服重重困难，坚持进行着有限的遗传学教学和少量的遗传育种工作。

从1952年到1978年，在近三十年的坎坷与曲折中，在异常艰辛的条件下，中国遗传学家始终没有放弃对科学真理的执着追求，仍然秉持着坚定的科学信念，并以多种不同的方式，为中国遗传学的薪火相传不断蓄积能量，为中国遗传学在国际遗传学界争得一席之位，展现出中国遗传学家的独特智慧和精神风貌。更为重要的是，遗传学工作者培养和储备了一些遗传学专业的教学和研究人才。这些人才在高等院校、研究院所，以及工业、农业和医学等各个领域，通过更加艰苦、勤奋的工作，成为1978年以后中国遗传学重建和发展的中坚力量。

1978年，当科学的春风吹拂到中华大地时，面对着国际遗传学领域中基因工程技术的产生和迅猛发展，以李汝祺、谈家桢为代表的中国老一辈遗传学家，已经清楚地认识到自己肩负责任的重大，他们重新集合并迅速组建遗传学队伍，以自己有限的人生，为中国遗传学的真正崛起和走向世界，开始了新时期的奋力拼搏。

为了重建中国的遗传学，实现李先闻、谈家桢等老一辈遗传学家早在20世纪40年代末就已立下的成立中国遗传学会的夙愿，[1] 1978年3月，李汝祺、祖德明、许运天、李继耕、吴鹤龄、钟志雄、邵启全、黄鸿枢、方宗熙、李竞雄、施履吉、鲍文奎、徐冠仁、童第周、谈家桢、奚元龄、胡含、薛禹谷、邓炎裳等19人，在北京召开了中国遗传学会发起人会议。会议推选了中国遗传学会筹备组成员，并向学术界发出了成立中国遗传学会倡议书。[2]

1978年10月7日，经过较长时间的酝酿和筹备，中国遗传学会在南京正式宣布成立。来自全国各省区市的230名遗传学工作者会聚一堂，讨论通过了中国遗传学会章程，选举产生了以李汝祺为理事长，谈家桢、祖德明、金光祖、钟志雄、胡含、卢惠霖、沈善炯、奚元龄、方宗熙为副理事长，由70名代表全国各省区市（台湾省暂缺）的理事组成的第一届理事会，共商中国遗传学重建与发展的大事。[3] 李汝祺在成立大会上，号召全国的遗传学工作者，在新的历史时期加强团结，共同担负起重建和发展中国遗传学的重任。

中国遗传学会的成立，是全国遗传学工作者盼望已久的大喜事，是被称为在中国遗传学发展史上，真正具有重大历史转折意义的一次会议。

在中国遗传学重建过程中，加快遗传学知识的普及和提高遗传学的教学水平，对中国遗传学的发展，具有举足轻重的作用。从1978年开始，高等学校的遗传学教科书在编写上逐渐呈现出多版本、多类型，及时反映遗传学最新研究成果，加强实验研究方法和遗传学发展史的介绍等鲜明特点，为培养多方向的遗传学研究人才提供了基本保证。其中，在国内享有盛誉的遗传学教材当属刘祖洞、江绍慧编写的《遗传学》。该教科书至今仍被多数高等学校作为本科生的主要教科书和重要参考书广泛使用。1980年代以后毕业的遗传学工作者，很多都是读了刘祖洞编写的教科书走进了遗传学的研究领域。

在中国遗传学的百年风雨兼程中，最具有决定性的变化发生在1984年。是年，为纪念遗传学奠基人孟德尔逝世一百周年，中国遗传学会和各省区市的遗传学分会举行了规模空前的隆重的大型学术纪念活动，科学出版社为此专门出版了由中国遗传学会编辑的《孟德尔逝世一百周年纪念文集》。该纪念文集的开篇，便是谈家桢撰写的《纪念孟德尔逝世一百周年》之重要文章。[4]

谈家桢在该篇纪念文章中，着重谈到了开展纪念孟德尔逝世一百周年活动有三个目的，其中最重要的一个目的就是要把1950年代初期，李森科错误的学术思想曾经一度支配过我国的遗传学教育和科学研究工作，以致严重地阻碍了我国遗传学发展的窘况彻底纠正过来，把过去多年来被歪曲了的孟德尔的形象彻底纠正过来。

谈家桢在该篇纪念文章中，还专门就苏联遗传学界已经发生的变化，谈到了值得我们瞩目的两点：（1）1965年，是孟德尔法则发表一百周年。捷克政府在布尔诺举行了隆重的国际性的纪念活动。苏联派出了比任何外国代表团人数都多的代表团出席了这次纪念活动。苏联采取这一举动就是无言地表明苏联将纠正过去的错误方向，重返国际遗传学界，致力于真正的遗传科学的发展。（2）1960年代中期到1984年短短的20年间，苏联已经组织起一支庞大的遗传学研究队伍，在分子生物学各个领域中积极地开展研究，并取得了相当的发展。

在该篇文章的最后，谈家桢重点谈道："为了促进我国遗传学的发展，我们应该汲取各国的长处。"

弹指一挥，四十余年。几代遗传学人以其坚韧不拔的努力，使中国遗传学在遗传学研究的各个分支领域，已经进入国际遗传学界的主流，并逐渐稳步行进在国际前沿课题研究的发展阶段。

历史是一面镜子！历史也是一本最好的教科书！

简要回顾中国遗传学在20世纪的岁月中所经历的风风雨雨，缅怀与追述中国老一辈遗传学家"追求真理、严谨治学，淡泊名利、潜心研究，甘为人梯、奖掖后学"的可贵精神，总结与反思中国遗传学百年发展历程中的经验与教训，是每一位生物学和农学等中国科学界的学人，应该静心研习的必修课程。

注释：

［1］赵功民.谈家桢与遗传学［M］.南宁：广西科学技术出版社.1996：209.
［2］安锡培.中国遗传学会的成立［M］//谈家桢，赵功民.中国遗传学史.上海：上海科技教育出版社，2002：153-154.
［3］魏荣煊.中国遗传学会成立纪事［J］.遗传，1979（1）：46-47.
［4］谈家桢.纪念孟德尔逝世一百周年［M］//中国遗传学会.孟德尔逝世一百周年纪念文集（1884—1984）.北京：科学出版社，1985：2.

参考文献

1. 图书类

［1］鲍文奎，严育瑞．禾谷类作物的同源多倍体和双二倍体［M］．北京：科学出版社，1956.

［2］薄一波．若干重大决策与事件的回顾（上、下）［M］．北京：中共中央党校出版社，1991.

［3］北京农业大学．普通遗传学［M］．北京：农业出版社，1961.

［4］北京师范大学科学史研究中心．中国科学史讲义［M］．北京：北京师范大学出版社，1989.

［5］常州市档案馆．小麦人生——蔡旭纪念文集（上卷、下卷）［M］．北京：中国农业大学出版社，2018.

［6］陈寿凡．人种改良学［M］．上海：商务印书馆，1919.

［7］陈桢．普通生物学［M］．上海：商务印书馆，1924.

［8］陈桢．复兴高级中学教科书·生物学［M］．上海：商务印书馆，1933.

［9］陈桢．复兴高级中学教科书·生物学（修正本）［M］．上海：商务印书馆，1949.

［10］陈桢．金鱼的家化与变异［M］．北京：科学出版社，1959.

［11］陈桢．金鱼家化史与品种形成的因素［M］北京：科学出版社，1954.

［12］褚嘉佑，房琳琳，张加春，等．吴旻传［M］．上海：上海科学技术出版社，

2006.

［13］杜传书,许延康,胡修平,著,杜顺德,评阅.蚕豆病［M］北京:人民卫生出版社,1987.

［14］方宗熙.高级中学课本——达尔文主义基础［M］.北京:人民教育出版社,1953.

［15］方宗熙.细胞遗传学(普通遗传学)［M］.北京:科学出版社,1959.

［16］方宗熙.普通遗传学［M］.北京:科学出版社,1978.

［17］方宗熙,江乃萼.生命发展的辩证法［M］.北京:人民出版社,1976.

［18］冯永康,田洺,杨海燕.当代中国遗传学家学术谱系［M］.上海:上海交通大学出版社.2016.

［19］复旦大学遗传学研究所.遗传学问题讨论集(第一、二、三册)［M］.上海:上海科学技术出版社,1961—1963.

［20］复旦大学生命科学学院.世纪谈家桢 百年遗传学——谈家桢百岁寿辰纪念画册［M］.上海:复旦大学出版社,2008.

［21］复旦大学遗传学研究室.遗传学中的几个争论问题［M］.上海:上海科学技术出版社,1960.

［22］傅松滨.辛勤耕耘 桃李芳菲——记我国著名医学遗传学家李璞教授［M］.哈尔滨:哈尔滨医科大学出版社,2008.

［23］高翼之.迷人的基因——遗传学往事的文化启迪［M］.上海:上海教育出版社,2007.

［24］庚镇城.李森科时代前俄罗斯遗传学者的成就［M］.上海:上海科学技术出版社,2014.

［25］苟萃华,汪子春,许维枢.中国古代生物学史［M］.北京:科学出版社,1989.

［26］管相桓.我国稻之细胞学和遗传学的研究暨稻作育种学之进展［M］//中国作物学会.中国作物学会第二届年会论文摘要选辑.北京:中国科学技术情报研究所,1963.

［27］国家自然科学基金委员会.遗传学［M］.北京:科学出版社,1997.

［28］河北师范大学生物系遗传育种教研组.生物进化论［M］.北京:科学出版社,1975.

［29］胡化凯.20世纪50—70年代中国科学批判资料选(上,下)［M］.济南:山东教育出版社,2009.

［30］胡先骕.植物分类学简编［M］.北京：高等教育出版社，1955.

［31］华北农业大学，中国科学院遗传研究所，广东农林学院，等.植物遗传育种学［M］.北京：科学出版社，1976.

［32］季道藩.遗传学基础［M］.北京：科学出版社，1981.

［33］蒋同庆.蚕体遗传学［M］.昆明：大华印书馆，1948.

［34］蒋同庆教授业绩编委会.蒋同庆教授业绩［M］.重庆市新闻出版准印证号 NO（91）158，1990.

［35］金开泰.百年耀千秋——华西协合大学建校百年历史人物荟萃［M］.北京：中国文化出版社，2010.

［36］金善宝，蔡旭，吴董成，等.南京农学院科学研究专刊第 1 号，中大 2419小麦［M］.南京农学院，1957.

［37］金善宝.中国现代农学家传（第一卷）［M］.长沙：湖南科学技术出版社，1985.

［38］李积新，编辑，胡先骕，校订.遗传学［M］.上海：商务印书馆，1923.

［39］李家洋.李振声论文选集［M］.北京：科学出版社，2007.

［40］李景均.群体遗传学导论［M］.北京：北京大学出版社，1948.

［41］李佩珊，孟庆哲，黄青禾，等.百家争鸣 发展科学的必由之路——1956年 8 月青岛遗传学座谈会纪实［M］.北京：商务印书馆，1985.

［42］李佩珊.科学战胜反科学——苏联的李森科事件及李森科主义在中国［M］.北京：当代世界出版社，2004.

［43］李佩珊，许良英.20 世纪科学技术发展简史［M］.北京：科学出版社，1999.

［44］力平，马芷荪.周恩来年谱（1949—1976）上卷［M］.北京：中央文献出版社，1997.

［45］李璞，等.医学遗传学纲要［M］.北京：人民卫生出版社，1980.

［46］李汝祺.细胞遗传学的基本原理［M］.北京：科学出版社，1981.

［47］李汝祺.发生遗传学（上，下）［M］.北京：科学出版社，1985.

［48］李汝祺.实验生物学论文选集［M］.北京：科学出版社，1985.

［49］李先闻.李先闻自述［M］.长沙：湖南教育出版社.2009.

［50］刘荣志，向朝阳，王思明.当代中国农学家学术谱系［M］.上海：上海交通大学出版社，2016.

［51］刘笑春.卢惠霖纪念文集［M］.长沙：湖南人民出版社，2000.

［52］卢惠霖.我的几段经历［M］//中国人民政治协商会议湖南省委员会文史资料研究委员会.湖南文史资料选辑第23辑.长沙：湖南人民出版社，1986.

［53］罗桂环.中国近代生物学的发展［M］.北京：中国科学技术出版社，2014.

［54］罗桂环.中国生物学史（近现代卷）［M］.南宁：广西教育出版社，2018.

［55］毛树坚.永恒的纪念：纪念江希明教授诞辰100周年暨缅怀前辈师恩文集［M］.杭州：浙江大学出版社，2017.

［56］农林部棉产改进处.冯泽芳先生棉业论文选集［M］.南京：中国棉业出版社，1948.

［57］裴新澍.生物进化控制论［M］.北京：科学出版社，1998.

［58］任元彪，曾健，周永平，等.遗传学与百家争鸣——1956年青岛遗传学座谈会追踪调研［M］.北京：北京大学出版社，1996.

［59］沈善炯，述，熊卫民，整理.沈善炯自述［M］.长沙：湖南教育出版社，2009.

［60］生物学通报编辑委员会.有性杂交和杂种优势［M］.北京：科学普及出版社，1958.

［61］盛祖嘉.分子遗传学浅释［M］.北京：科学出版社，1976.

［62］盛祖嘉.微生物遗传学［M］.北京：科学出版社，1981.

［63］四川大学生物系遗传组，四川大学图书馆.米丘林生物学文献索引［M］.四川省中心图书馆委员会，1960.

［64］四川农业大学.纪念杨允奎教授诞辰九十周年文集［M］.成都：成都科技大学出版社，1994.

［65］宋振能.中国科学院院史拾零［M］.北京：科学出版社，2011.

［66］隋淑光.量子世界里的"花果山"［M］.上海：上海教育出版社，2018.

［67］孙勇如，安锡培，赵功民.遗传学手册［M］.长沙：湖南科技出版社，1989.

［68］所庆纪念册编委会.50年发展历程（1959—2009）［M］.中国科学院遗传与发育生物学研究所，2009.

［69］谈家桢.谈谈摩尔根学派遗传学说［M］.上海：上海科学普及出版社，1958.

［70］谈家桢，等.基因和遗传［M］.北京：科学普及出版社，1980.

［71］谈家桢.谈家桢论文集［M］.北京：科学出版社，1987.

［72］谈家桢.谈家桢文选［M］.杭州：浙江科技出版社，1992.

［73］谈家桢，赵功民.中国现代生物学家传［M］.长沙：湖南科学技术出版

社，1985.

［74］谈家桢，著，赵功民，编.基因的萦梦［M］.天津：百花文艺出版社，2000.

［75］谈家桢，赵功民.中国遗传学史［M］.上海：上海科技教育出版社，2002.

［76］谈向东.谈家桢与大学科研［M］.杭州：浙江大学出版社，上海：复旦大学出版社，2014.

［77］童一中，高谨.作物遗传育种知识［M］.上海：上海人民出版社，1975.

［78］佟屏亚.为杂交玉米做出贡献的人［M］.北京：中国农业科技出版社，1997.

［79］王步峥.北京农业大学校史（1949—1987）［M］.北京：北京农业大学出版社，1995.

［80］王燕妮.光旦之华——社会学大师潘光旦［M］.武汉：长江文艺出版社，2006.

［81］王志清.高中生物学复习指导［M］.上海：现代教育研究社出版（上海·北新书局发行），1947.

［82］吴元涤.《生物学》（高中及专科学校用）［M］.上海：世界书局，1932.

［83］吴仲贤.动物遗传学［M］.北京：农业出版社，1961.

［84］吴仲贤.统计遗传学［M］.北京：科学出版社，1977.

［85］薛攀皋.科苑前尘往事［M］.北京：科学出版社，2011.

［86］薛攀皋，季楚卿，宋振能.中国科学院生物学发展史事要览［M］.中国科学院院史文物资料征集委员会办公室，1993.

［87］燕爽.复旦改变人生·笃志集［M］.上海：复旦大学出版社，2005.

［88］遗传学座谈会会务小组.遗传学座谈会发言记录［M］.北京：科学出版社，1957.

［89］《遗传育种学术讨论会文集》汇编小组.遗传育种学术讨论会文集［M］.北京：科学出版社出版，1973.

［90］张迪梅，杨陵康.中国高等学校中的中国科学院院士传略［M］.北京：高等教育出版社，1998.

［91］张光武.毛泽东与谈家桢［M］.北京：华文出版社，2012.

［92］张玉台，葛能全，郭传杰.中国科学院院士自述［M］.上海：上海教育出版社，1996.

［93］赵功民.谈家桢与遗传学［M］.南宁：广西科学技术出版社，1996.

［94］赵功民．遗传的观念［M］．北京：中国社会科学出版社，1996．

［95］赵寿元，金力．仁者寿——谈家桢百岁璀璨人生［M］．上海：复旦大学出版社，2008．

［96］中国科学技术协会．中国科学技术专家传略［M］．北京：中国科学技术出版社，1993．

［97］中国大百科全书总编辑委员会《生物学》编辑委员会遗传学编写组．遗传学［M］．北京：中国大百科全书出版社，1983．

［98］中国科学院编译出版委员会．十年来的中国科学·生物学（Ⅳ）（遗传学）［M］．北京：科学出版社，1966．

［99］中国科学院编译出版委员会名词室．遗传学名词（英中对照）［M］．北京：科学出版社，1958．

［100］中国农林科学院科技情报研究所．全国杂交玉米和杂交高粱经验交流会材料选编（内部资料）［M］．1972．

［101］中国农业百科全书编辑部，中国农业百科全书农作物卷（上，下卷）［M］．北京：农业出版社，1991．

［102］中国农业科学院棉花研究所．冯泽芳先生图存［M］．北京：中国农业科学技术出版社，2007．

［103］中国现代科学家传记编辑组．中国现代科学家传记［M］．北京：科学出版社，1992—1993．

［104］中国遗传学会．孟德尔逝世一百周年纪念文集（1884—1984）［M］．北京：科学出版社，1985．

［105］中央农业部米丘林农业植物遗传选种及良种繁育讲习班（主编）．农业科学专题报告及参考资料集［M］．北京：中国科学院，1953．

［106］中国科学院遗传研究所．遗传学集刊（1959—1965）［M］．北京：科学出版社，1959—1965．

［107］中国科学院植物研究所遗传研究室．遗传学集刊（1956—1957）［M］．北京：科学出版社，1956—1958．

［108］周盛汉．中国棉花品种系谱图［M］．成都：四川科学技术出版社，2009．

［109］苏宗伟，高庄．竺可桢日记Ⅲ（1950—1956）［M］．北京：科学出版社，1989．

［110］邹秉文，胡先骕，钱崇澍．高等植物学［M］．上海：商务印书馆，1923．

［111］А. П. Иванов，演讲，谢潜渊，译．米丘林遗传与选种及良种繁育学［M］．

北京：科学出版社，1959.

［112］C. R. Darwin. 物种起源［M］.周建人，叶笃庄，方宗熙，译.北京：商务印书馆，1995.

［113］C. R. Darwin. 动物和植物在家养下的变异［M］.叶笃庄，方宗熙，译.北京：科学出版社，1982.

［114］C. 斯特恩. 人类遗传学原理［M］.吴旻，译.北京：科学出版社，1979.

［115］G. Mendel. 万有文库第2集：植物杂种之研究［M］.林道容，译.上海：商务印书馆，1936.

［116］G. Mendel. 植物杂交的试验［M］.吴仲贤，译.北京：科学出版社，1957.

［117］Garland E.Allen. 摩尔根——遗传学的冒险者［M］.梅兵，译.上海：上海科学技术出版社，2003.

［118］H. Iltis. 门德尔传［M］.谭镇瑶，译.上海：商务印书馆，1936.

［119］H. Stubbe. 遗传学史［M］.赵寿元，译.上海：上海科学技术出版社，1981.

［120］H. A. 吉洪诺娃. 孟德尔－摩尔根遗传学批判［M］.武汉大学生物系达尔文主义与遗传学研究室，译.北京：科学出版社，1960.

［121］J. A. Thomson. 格致概论［M］.伊万摩根，许家新，译.上海：上海广学会，1913.

［122］K. Mather. 生统遗传学［M］.吴仲贤，译.北京：科学出版社，1958.

［123］L. L. Burlingame，等. 普通生物学［M］.彭光钦，译.上海：北新书局，1930：312.

［124］П. Л. Иванченко. 生物学引论［M］.谈家桢，刘祖洞，项维，等，译.北京：高等教育出版社，1955.

［125］R. L. Knight. 棉花遗传选种文献摘要（1900—1950）［M］.冯泽芳，潘家驹，译.北京：科学出版社，1959.

［126］Sinnott & Dunn. 遗传学原理［M］.周承钥，姚钟秀，译.上海：商务印书馆，1947.

［127］Sinnott & Dunn & Dobzhansky. 遗传学原理［M］.奚元龄，译.北京：科学出版社，1958.

［128］T. Dobzhansky. 遗传学与物种起源［M］.谈家桢，等，译.北京：科学出版社，1964.

［129］T. H. Morgan. 基因论［M］.卢惠霖，译.北京：科学出版社，1959.

2. 论文及其他文献

［1］安徽省安庆地区克汀病防治研究所（执笔：叶文虎）.地方性克汀病的遗传度［J］.遗传，1982（5）.

［2］鞍山钢铁公司铁东医院妇产科.应用绒毛细胞染色质预测早期妊娠胎儿性别 50 例初步报告［J］.科学通报，1973（3）.

［3］鞍山钢铁公司铁东医院妇产科.检查绒毛细胞性染色质预测早期妊娠胎儿性别初步报告［J］.中华医学杂志，1973（9）.

［4］鲍文奎.我们研究多倍体的前后［N］.人民日报，1956 年 8 月 25 日第 7 版.

［5］鲍文奎.我们研究多倍体的前后［J］.新华半月刊，1956（18）.

［6］鲍文奎，严育瑞.几种禾谷类作物的同源多倍体和双二倍体的研究初报［J］.植物学报，1956（3）.

［7］鲍文奎，严育瑞，王崇义.禾谷类作物的多倍体育种方法的研究：Ⅲ.加倍小麦—黑麦杂种第一代染色体的秋水仙精技术［J］.作物学报，1963（2）.

［8］北京市农业科学院作物研究所.人工创造的新作物——异源八倍体小黑麦［J］.遗传与育种，1978（3）.

［9］北京农业大学"米丘林遗传学"教研组.贯彻生物科学的米丘林路线 肃清反动的唯心主义的影响——北京农业大学米丘林遗传学教研组三年来的工作总结［N］.人民日报，1952 年 12 月 26 日第 3 版.

［10］本刊评论员.以传播世界最新科学知识为帜志：纪念《科学》创刊 85 周年［J］.科学，2002（5）.

［11］秉志.生物学概论［J］.科学，1915（1）.

［12］蔡旭.在米丘林学说的光辉照耀下我国在农作物选种方面的新成就［N］.光明日报，1955 年 10 月 27 日.

［13］蔡旭，刘中宣，张树臻，等.小麦抗锈选种工作总结报告［J］.北京农业大学学报，1955（1）.

［14］蔡旭，张树臻，杨作民，等.适于华北地区几个抗锈小麦新品种的育成"农大 36""农大 90""农大 183""农大 498"［J］.北京农业大学学报，1957（2）.

［15］蔡以欣，陈佩芬.芸苔属油菜植物的新种合成及其细胞遗传学研究——Ⅱ.欧洲油菜与其两个基本种间的两种同源异源六倍体的合成［J］.复旦学报，1964（3）.

［16］蔡以欣，张廷璧，李宝健，等.雄性不育的遗传机理是什么？［J］.自然科学争鸣，1977（5）.

［17］曹育.孟德尔遗传学是怎样传入我国的［J］.中国科技史料,1988（1）.

［18］柴建华,刘祖洞.苯丙酮尿症的遗传学研究［J］.复旦大学学报,1964（2）.

［19］陈兼善.进化论发达略史［J］.民铎杂志,1922,3（4）.

［20］Chen S Y. Ephrussi B.and Hottinger H. Nature genetique des mutants a deficiece respiratoire de la souche B—Ⅱ de la levure deboulangerie［J］. Heredity, 1950（4）: 337–351.

［21］陈桢.遗传与文化［J］.科学,1923,8（6）.

［22］陈桢.孟德尔略传［J］.科学,1923,8（9）.

［23］陈桢.金鱼的变异与天演［J］.科学,1925（3）.

［24］Shisan C.Chen, The Inheritance of Blue and Brown colours in the Goldfish, Carassius auratus［J］.Jour Genetics, 1934, 29: 61–74.

［25］Shisan C. Chen, Transparency and Motling, a case of Mendelian Inheritance in the Goldfish［J］.Genetics, 1928, 13: 432–452.

［26］陈桢.金鲫鱼的孟德尔遗传［J］.清华学报,1930（2）.

［27］陈桢.金鱼家化史与品种形成的因素［J］.动物学报,1954（2）.

［28］痴呆病调查研究协作组.大别山区"痴呆病"病因的遗传学研究［J］.遗传学报,1979（1）.

［29］楚天.遗传学与阶级斗争［J］.遗传学报,1977（1）.

［30］戴继勋,方宗熙.海带孤雌生殖的初步观察［J］.遗传学报,1976（1）.

［31］戴景瑞.李竞雄先生的多彩人生［J］.中国农大校报,2010年9月25日第3版.

［32］戴松恩.中俄美小麦品种杂交之遗传研究摘要［J］.农报,1937（21）.

［33］戴松恩.我对米丘林生物科学采取了错误的态度［J］.科学通报.1952（7）.

［34］Department of Obstetrics and Gynecology, Tietung Hospital of Anshan Irom and Company, Anshan.Fetal Sex Prediction by Sex Chromatin of Chorionic Villi Cells During Early Pregnancuy［J］.中华医学杂志（英文版）, 1975（2）.

［35］丁振麟.野生大豆和栽培大豆的遗传研究［J］.中华农学会报,1945（182）.

［36］杜顺德.蚕豆病［J］.中华医学杂志,1952（5）.

［37］杜顺德,高德华.蚕豆病———一例病例检查报告［J］.中华儿科杂志,1955（2）.

［38］杜传书.蚕豆病病因发病机制研究［J］.中华医学杂志,1963（11）.

［39］杜传书.遗传性红细胞 6- 磷酸葡萄糖脱氢酶缺乏及有关溶血机制［J］.生理科学进展，1964（4）.

［40］杜传书.我国葡萄糖 -6- 磷酸脱氢酶缺乏症研究——40 年的回顾和展望［J］.中华血液学杂志，2000（4）.

［41］范岱年.《20 世纪中国的生物学与革命》评介［J］.科学文化评论，2006（5）.

［42］樊洪业.1956 年：胡先骕"朽"木逢春［J］.科技中国，2006（7）.

［43］方毅.在籼型杂交水稻特等发明奖授奖大会上的讲话［N］.人民日报，1981 年 6 月 7 日第 3 版.

［44］冯永康.孟德尔之遗传学［J］.科学月刊（台北），1996（4）.

［45］冯永康.20 世纪上半叶中国遗传学发展大事记［J］.中国科技史料，2000（2）.

［46］冯永康.遗传学的早期倡导者——贝特森［J］.科学月刊（台北），2000（5）.

［47］冯永康.陈桢与中国遗传学［J］.科学（上海），2000（5）.

［48］冯永康.中国遗传学的开拓者——陈桢［J］.科学月刊（台北），2001（3）.

［49］冯永康.陈桢［J］.遗传，2009（1）.

［50］冯永康.赵连芳［J］.遗传，2009（2）.

［51］冯永康.冯泽芳［J］.遗传，2009（3）.

［52］冯永康.李先闻［J］.遗传，2009（4）.

［53］冯永康.中国家蚕遗传学的奠基者——蒋同庆［J］.遗传，2013（5）.

［54］冯永康，张钫.国内首篇全面批判"李森科物种理论"译文的回忆［J］.中国科技史杂志，2014（1）.

［55］冯永康.中国古代对遗传和变异的认识［J］.科学月刊（台北），2014（10）.

［56］冯永康.不断探索，不停奋斗的遗传学家徐道觉［J］.生物学通报，2017（10）.

［57］冯永康.毕生践行"手脑并用"的遗传学家李先闻［J］.生物学通报，2018（8）.

［58］冯永康.躬身玉米田园的遗传学家李竞雄［J］.生物学通报，2019（10）.

［59］冯永康.摩尔根的果蝇遗传研究.人民教育出版社网站，2012-03-27.http：//www.pep.com.cn/gzsw/jshzhx/grzhj/gsjsh/fyk/swxshh/201203/

t20120327_1114583.htm

［60］冯泽芳.中棉之孟德尔性初步报告［J］.东南大学农学杂志，1925（7）.

［61］冯泽芳，冯肇传.中棉之遗传性质［J］.东南大学农学杂志，1926（5）.

［62］冯肇传.玉蜀黍遗传的形质：耀光叶［J］.科学，1923，8（5）.

［63］冯肇传.遗传学名词之商榷［J］.科学，1923，8（7）.

［64］冯肇传.单眼缘之遗传［J］.科学，1924，9（12）.

［65］高翼之.李景均［J］.遗传，2004（6）.

［66］高玉良.大寨人缅怀李竞雄先生［J］.作物杂志，2013（5）.

［67］庚镇城，谈家桢.异色瓢虫的几个遗传学问题［J］.自然杂志，1980（7）.

［68］龚育之.发展科学的必由之路（介绍毛泽东同志为转载《从遗传学谈百家争鸣》一文而写的一封信和一个按语）［J］.科学学研究，1983（1）.

［69］龚育之.回忆中宣部科学处［J］.中国科技史杂志，2007（3）.

［70］苟萃华.著名生物学家陈桢教授［J］.中国科技史料，1994（1）.

［71］绾章.生命之解谜［J］.进步杂志，1913（5）.

［72］管相桓，冯天铭，涂敦鑫.水稻品种间杂交着粒率之研究［J］.中华农学会报，1946（181）.

［73］管相桓，涂敦鑫.栽培稻芒之连系遗传［J］.中华农学会报，1946（183）.

［74］管相桓，涂敦鑫.稻属之细胞遗传研究（1—3）［J］.科学月刊，1946（3），1947（4），1947（5）.

［75］管相桓.米丘林学说——创造性达尔文主义在生物科学中的伟大贡献及其在中国农林、畜牧、兽医与渔业生产实践上的初步成就［J］.农业学报，1956（1—4）.

［76］光明日报记者记录.关于遗传学的理论问题的讨论［J］.新华半月刊，1956（19）.

［77］郭奕斌.医学遗传学家杜传书［J］.遗传，2013（5）.

［78］何定杰.基因学说的历史渊源及其形而上学的本质［J］.武汉大学自然科学学报，1959（7）.

［79］《红旗》社论.在学术研究中坚持百花齐放百家争鸣的方针［J］.红旗杂志社，1961（5）.

［80］洪锡钧.四川省解放前的遗传育种研究［J］.中国农史，1990（2）.

［81］胡含.小麦花粉的遗传学分析［J］.遗传学报，1979（1）.

［82］胡化凯.中国对于遗传学的批判［J］.广西民族学院学报（自然科学版），2005（1）.

［83］胡先骕.我国学者应如何学习米丘林以利用我国植物资源［J］.科学通报，1956（8）.

［84］任继愈，尚钺，侯学煜，等.笔谈百家争鸣［J］.科学通报，1956（8）.

［85］胡以平.著名细胞生物学家施履吉［J］.遗传，2013（5）.

［86］湖南省黔阳地委报道组.努力攀登的人——记李必湖同志从事杂交水稻研究的事迹［J］.遗传与育种，1978（1）.

［87］华兴鼐.遗传学名词释义［美国遗传学会编辑，发表于美国农部出版的 *Year Book of Agriculture*（1936）］［J］.农业建设，1937（6）.

［88］黄谷.科学界动态——遗传学座谈会［J］.科学通报，1956（10）.

［89］黄青禾，黄舜娥.一个成功的学术会议——记青岛遗传学座谈会［N］.人民日报，1956年10月7日.

［90］黄青禾.农大风波与青岛会议［J］.百年潮，2002（1）.

［91］黄尚志，高翼之.中国医学遗传学发展史（英文）［J］.北京大学学报（医学版），2006（1）.

［92］黄铁成，张爱民，孙其信.我国杂交小麦研究概况与进展［J］.作物杂志，1990（2）.

［93］黄宗甄，罗见龙.介绍物种讨论论文集［J］.生物学通报，1956（12）.

［94］季道藩.遗传学基础知识讲座（12讲）［J］.遗传与育种，1976-1978.

［95］蒋涤旧.遗传学名词之译定及释义［J］.中华农学会报，1943.

［96］金善宝.小麦之遗传［J］.中华农学会报，1933（109）.

［97］蒋同庆，唐维六.家蚕第二染色体 Pm-Rc 两因子间之换组价［J］.福建农业，1943.

［98］蒋世和.米丘林学说在中国（1949—1956）［J］.自然辩证法通讯，1990（1）.

［99］蒋继尹.闽德氏之遗传律［J］.学艺，1918，1（3）.

［100］金善宝.大豆天然杂交之研究［J］.中华农学会报，1940（168）.

［101］靳自重，庄巧生.小麦穗部性状之遗传［J］.科学，1941，25（11-12）.

［102］科学通报编辑部社论.贯彻百家争鸣的方针，积极开展学术上的自由讨论［J］.科学通报，1956（6）.

［103］乐天宇.新遗传学讲义［J］.农讯，1949（27-28）：12-18.

［104］中山大学生物系遗传组，广东省农作物杂种优势利用研究协作组.作物"三系"生物学特征的研究——Ⅲ.几种水稻雄性不育类型的花粉形成与发育的细胞

形态、代谢障碍和药隔维管束发育的比较研究［J］.遗传学报，1976（2）.

［105］李必湖.我们是怎样研究杂交水稻的［J］.植物学报，1977（1）.

［106］李辉，钟扬.解读我的美丽基因（一）.喜马拉雅（音频），https：//www.ximalaya.com/renwenjp/3897666/21584630

［107］李竞雄.加强学习苏联先进的米丘林生物科学［N］.光明日报，1953年4月30日.

［108］李竞雄，戴景瑞，等.玉米雄花不孕性及其恢复性的遗传研究［J］.作物学报，1963（4）.

［109］李竞雄.杂种优势的利用［N］.人民日报，1963年1月8日第5版.

［110］李佩珊.科学战胜反科学——苏联的李森科事件及李森科主义在中国［J］.科学新闻，2002（1-15）.

［111］李佩珊.中宣部科学处处理遗传学问题始末［J］.院史资料与研究.中国科学院院史文物资料征集委员会办公室.1994（1）.

［112］李璞，汪安琦，崔道枋，等.鲫鱼和金鱼胚胎发育的分期［J］.动物学报，1959（2）.

［113］李璞，田瑞符，黄秀兰.中国人苯硫脲（P.T.C.）尝味能力的测定［J］.哈尔滨医科大学学报，1965（1）.

［114］李璞，高治忠，何应龙，等.46（XX）/47（XXY）嵌合型的真两性畸形［J］.哈尔滨医科大学学报，1965（2）.

［115］李璞，娄焕明.先天愚型的临床及染色体组型的研究（附一例报告）［J］.哈尔滨医科大学学报，1966（1）.

［116］李璞.白血病遗传［J］.遗传与育种，1978（4）.

［117］李汝祺.发展科学的必由之路——从遗传学谈百家争鸣［N］.光明日报，1957年4月29日.

［118］李汝祺.发展科学的必由之路——从遗传学谈百家争鸣［N］.人民日报，1957年5月1日.

［119］李汝祺.遗传学的基本原理（13讲）［J］.生物学通报，1957（3）—1958（3）.

［120］李汝祺.细胞遗传学发展过程中的几个问题［J］.生物学通报，1962（2）.

［121］李有明.遗传学座谈会后记［N］.光明日报，1956年9月13日.

［122］李先闻，鲍文奎.农艺：粟属之演化［J］.全国农林试验研究报告辑要，

1943（5-6）.

[123] H. W. LI, C. H. LI, and W. K. PAO. Cytological and Genetical studies of the interspecific cross of the cultivated foxtall millet, setaria italica（L.）beauv and the green foxtail millet, S. Viridis L［J］. Journal of the American society if agronomy.

[124] 李振声, 陈漱阳, 李容玲, 等. 小麦—偃麦草杂种夭亡与不孕问题的探讨——小麦与偃麦草杂交的研究（二）［J］. 作物学报, 1962（1）.

[125] 李振刚. 中国科学家传记——陈桢［J］. 生物科学进展, 1997（1）.

[126] 梁希. 我对于乐天宇同志所犯错误的感想［N］. 人民日报, 1952年6月29日第3版.

[127] 林琳, 刘贞, 李春华. 才智机遇勤勉 巧铸博识人生——记著名小麦遗传育种学家、中国工程院院士庄巧生［J］. 农产品市场周刊, 2005（27）.

[128] 刘兵. "文革"中《自然辩证法杂志》的案例［J］. 民主与科学, 2004（1）.

[129] 刘涛, 戴继勋. 方宗熙［J］. 遗传, 2008（12）.

[130] 刘笑春. 科教风范德启后人——纪念生物科学家, 医学遗传学家卢惠霖教授诞辰100周年［J］. 中国优生与遗传杂志, 2000（4）.

[131] 刘彦威. 中央农业实验所科研活动记事［J］. 中国科技史料, 1998（1）.

[132] 刘祖洞, 孙济中, 陈寿康. 上睑下垂的遗传［J］. 中华内科杂志, 1963（9）.

[133] 刘祖洞. 遗传与人类疾病（1—4讲）［J］. 新医学, 1977—1978.

[134] Liu, T. T. and Hsu, T. C. Tongue—folding and tongue—rolling: in a sample of the Chinese population［J］. J. Hered, 1949, 40.

[135] 娄希祉, 刘臣烈. 杂交水稻的诞生［J］. 今日中国, 1980.

[136] 陆定一. 百花齐放 百家争鸣（一九五六年五月二十六日在怀仁堂的讲话）［N］. 人民日报, 1956年6月13日.

[137] 陆道培, 薛振萍, 汪安琦, 等. 再生障碍性贫血患者的染色体研究［J］. 遗传学报, 1976（2）.

[138] 陆师义, 郭兴华. 必须批判遗传学理论中的唯心主义和形而上学的观点［J］. 遗传学报, 1975（2）.

[139] 卢惠霖, 等. 染色体显带法及其临床应用［J］. 遗传学报, 1976（1）.

[140] 卢守耕. 生物上子不类亲之理由［J］. 北京农业专门学校校友会杂志, 1917（2）.

[141] 吕新初. 我国自然科学领域中百家争鸣的开端 生物学家集会讨论遗传

学中的理论问题［J］.人民日报，1956 年 8 月 12 日—26 日.

［142］罗鹏，等.人工诱发油菜孤雌生殖单倍体的研究［J］.遗传学报，1976
（4）.

［143］罗鹏，冯永康.甘蓝型油菜诱发孤雌生殖单倍体遗传育种研究述评［J］.
中国油料作物学报，2015（1）.

［144］曼德尔百年纪念专号［J］.上海时事新报副刊《学灯》，1922 年 7 月 22—
23 日.

［145］毛泽东.论人民民主专政——纪念中国共产党二十八周年［N］.人民日
报，1949 年 7 月 1 日第一版.

［146］美国遗传学会.遗传学名词之译定及释义［J］.蒋涤旧，译.中华农学会
报，1943（176）：97-98.

［147］孟庆哲.简评陈桢编著复兴高级中学教科书生物学修正本［J］.生物学
通报，1952（2）.

［148］摩尔.遗传与疾病［J］.潘光旦，译.清华学报（自然科学版），1935（2）.

［149］欧阳俊简，胡含，庄家骏，等.小麦花粉植株的诱导及其后代的观察［J］.
中国科学，1973（1）.

［150］潘光旦.文化的生物学观［J］.东方杂志，1931（1）.

［151］潘光旦.不齐的人品［J］.华年·优生副刊，1935（40，41，50）.

［152］潘光旦.本性难移的又一论证［J］.华年·优生副刊，1936（8）.

［153］潘光旦.遗传的原则［J］.华年·优生副刊，1936（11，12，16）.

［154］潘吉星.达尔文和我国生物科学［J］.生物学通报，1959（11）.

［155］逄先知，金冲及.《论十大关系》发表前后［J］.百年潮，2003（12）.

［156］钱崇澍.天演论新义［J］.科学，1915，1（1）.

［157］钱炜.1956 年青岛遗传学会议：“双百方针”的试验场［J］.中国新闻周
刊，2011（29）.

［158］钱炜.杂交水稻研发历程揭秘［J］.中国新闻周刊，2012 年 12 月 16 日.

［159］乔守怡.纪念刘祖洞教授［J］.遗传，2010（4）.

［160］覃绍国，韦作玉.参加杂交水稻雄性不育理论评议会的专家确认亲缘生
态理论开创了籼型杂交水稻研究新途径［J］.广西日报，1982 年 2 月 26 日.

［161］青宁生.我国酵母菌遗传学研究的先驱——陈士怡［J］.微生物学报，
2011（6）.

［162］青宁生.微生物遗传学家盛祖嘉［J］.微生物学报，2017（4）.

［163］邱丽娟，韩天富，常汝镇．大豆遗传育种学家王金陵［J］．遗传，2010（10）．

［164］为坚持生物科学的米丘林方向而斗争［N］．人民日报，1952年6月29日第7版．

［165］首都举行的米丘林诞生百周年纪念会闭幕［N］．人民日报，1955年11月1日第1版．

［166］《人民日报》《光明日报》转载《红旗》（1961年3月1日）的社论，1961年3月1日．

［167］任鸿隽．绍介"科学大纲"［J］．科学，1923（8）．

［168］任鸿隽．中国科学社卅周年纪念暨十科学团体联合会议上开幕词［J］．科学，1945—1946，28（1）．

［169］任礼衍，刘祖洞．大疱性表皮松解症的遗传［J］．中华内科杂志，1962（12）．

［170］任兆瑞．勇于探索与创新的遗传学家——曾溢滔［J］．遗传，2010（9）．

［171］沈志忠．美国作物品种改良技术在近代中国的引进与利用——以金陵大学农学院、国立中央大学农学院为中心的研究［J］．中国农史，2004（4）．

［172］沈宗瀚．小麦杂交中数量与质量性状之遗传研究（英文)［J］．金陵学报，1933（1）．

［173］盛祖嘉，陈中孚，蔡曼倩．大肠杆菌品系[#]15的紫外光敏感性的改变和恢复［J］．复旦大学学报，1960（2）．

［174］畲建明，陆维忠．奚元龄先生传［J］．遗传，2010（5）．

［175］石德权．李竞雄教授的学术活动历程和遗传育种成就［J］．作物学报，1998（4）．

［176］四川农学院农学系水稻研究室．冈型杂交水稻的选育与利用［J］．今日种业，1979（2）．

［177］苏联"植物学期刊"编辑部．物种与物种形成问题讨论的若干结论及其今后的任务［J］．罗鹏，余名仑，译．科学通报，1954（12）．

［178］苏祖斐，周焕庚，孙庆懿，等．先天愚型及其染色体研究［J］．中华儿科杂志，1963（4）．

［179］隋淑光．从电影《南海十三郎》想到了赵保国［N］．中国科学报，2014年3月14日．

［180］孙晓村．纪念米丘林的一百周年诞辰——回顾我校学习米丘林学说的经

过[J].北京农业大学学报,1956(1).

[181]谈家桢.遗传"因基"学说的发展[J].国立武汉大学—理科季刊,1936,6(2,3).

[182]谈家桢.中国动物学会论文提要:二二三、瓢虫(Harmonia axyridis)鞘翅色斑型之遗传及一种显性之新现象[J].读书通讯,1943(79-80).

[183]谈家桢.批判我对米丘林生物科学的错误看法[J].生物学通报,1952(2).

[184]谈家桢.我对遗传学中一些问题的看法[N].人民日报,1956年9月6日.

[185]谈家桢.关于遗传的物质基础[J].生物学通报,1957(1).

[186]谈家桢.遗传学的现状和展望[N].光明日报,1961年4月9日.

[187]谈家桢.遗传学在现代生物学中的成就和作用[J].生物学通报,1962(2).

[188]谈家桢,刘祖洞,张忠恕,等.不同剂量的 γ—射线对弥猴(Macaca mulatta)精子发生中染色体畸变的影响[J].实验生物学报,1962(4).

[189]陶无凡,卢大儒.辛勤耕耘桃李芬芳,科研探索独树一帜——记我国微生物遗传学主要奠基人之一盛祖嘉教授[J].遗传.2015(5).

[190]童第周.创造性地研究和运用米丘林学说为我国社会主义建设服务[J].科学通报,1955(11).

[191]佟屏亚.玉米育种事业的开拓人——吴绍骙[J].中国科技史料,1988(2).

[192]涂敦鑫,管相桓.水稻品种间杂交结实率之研究[J].中华农学会报,1947(185).

[193]汪安琦,王春元,陈秀兰,等.超声波处理成熟金鱼对于仔鱼胚胎发育的影响[J].科学通报,1960(8):253.

[194]汪安琦.电离辐射对于动物遗传的影响以及对于人类遗传的危害性[J].动物学杂志,1960(4).

[195]汪安琦,杜若甫.MEA及AET对电离辐射所引起的染色体畸变及精原细胞损伤的防护作用[J].原子能科学技术,1962(11).

[196]汪安琦,周宪庭,罗丽华,等.人体,猕猴和家兔白血细胞染色体辐射敏感性的比较研究[J].科学通报,1965(10).

[197]汪安琦,周宪庭,宁益华.人体白血细胞体外受X射线照射后染色体畸

变的剂量率效应［J］.动物学报,1966(2).

［198］汪安琦,周宪庭.人体白血细胞体外受 X 射线照射后染色体畸变的剂量率效应［J］.科学通报,1966(3).

［199］汪安琦,陆道培,薛振萍,等.再生障碍性贫血患者的染色体研究［J］.遗传学报,1976(2).

［200］汪向明.试论基因学说的继承与批判问题［J］.生物学通报,1963(2).

［201］王绶.大豆种皮斑纹遗传———一对新的隐性致斑因子［J］.中华农学会报,1948(186).

［202］吴鹤龄.“论什么是遗传的物质基础”一文的商榷［J］.生物学通报,1957(7).

［203］吴鹤龄.缅怀我的恩师李汝祺教授［N］.北京大学校报.2010 年 5 月 15 日.

［204］吴鹤龄,戴灼华.李汝祺教授传［J］.遗传.2008(7).

［205］吴旻,凌丽华.中国人的有丝分裂染色体组型［J］.解剖学报,1965(3).

［206］吴旻,潘孝仁,詹宝光,等.具有 XXX/XX/XO 及 XY/XO 嵌合型染色体组型两例患者的细胞遗传学研究及其发生机制的探讨［J］.中华医学杂志,1963(3).

［207］吴绍骙,张明北,许德顺.从一个玉米综合品种———洛阳混选一号的选育到推广谈玉米杂交优势的利用和保持［J］.遗传学集刊,1957(1).

［208］吴绍骙.建国十五年来河南农学院玉米杂交育种工作经验和主要成果简介.河南农学院学报,1964(2).

［209］吴文彦,黄淑帧,宋杰,等.两个新型的血红蛋白 M［J］.科学通报,1965(5).

［210］吴文彦,黄淑帧,宋杰,等.血红蛋白 M 病:报道两种新类型.中华内科杂志 1965(7).

［211］吴双.我的父亲吴旻［J］.生命世界,2005(12).

［212］吴兆苏.我学习米丘林学说的经验［J］.农业科学通讯,1952(9).

［213］吴仲贤.吴仲贤教授谈遗传学问题［N］.光明日报,1956 年 7 月 19 日.

［214］吴仲贤.遗传学在生物科学中的地位［J］.生物学通报,1957(3).

［215］西北植物研究所远缘杂交组.小麦与偃麦草杂交的研究(三)［J］.遗传学报,1977(4).

［216］夏家辉,卢惠霖.一条与人体鼻咽癌相关的标记染色体及其由来的初步探讨［J］.遗传学报,1978(1).

［217］项维，朱定良，吕曼璃，等．中国人的染色体组型（初报）［J］．科学通报，1962（6）．

［218］谢承桂．第二次绿色革命的曙光（1，2，3）［J］．种子世界，1983（1-3）．

［219］新华社记者．杂交水稻是怎样培育成功的［N］．人民日报，1976年12月7日．

［220］熊卫民．追忆广州会议——薛攀皋先生访谈录［J］．科技中国，2006（11）．

［221］熊卫民．科学界的"牛棚杂忆"：听沈善炯院士回忆往事［J］．今日科苑，2011（22）．

［222］徐道觉，刘祖洞．Microgeographic Analysis of Chromosomal Variation in A Chinese Species of Chironomus（Diptera）［J］．Evolution，1948，2（1）．

［223］徐道觉，项维，刘祖洞．Colchicine Induction of Polyploidy in the Frog［J］．Rana Plancyi，Science Record，1949，2（3）．

［224］Hsu，T. C. Tongue upfolding：a newly reported heritable character in man［J］．J. Hered，1948，39.

［225］徐丁丁．近代遗传单位概念在中国的传播与gene的中译（未刊稿）．

［226］徐冠仁，项仁美．利用雄性不育系选育杂种高粱［J］．中国农业科学，1962（2）．

［227］徐子成．回忆中国遗传学一代宗师李汝祺教授［J］．上海化工，2011（6）．

［228］许为民，张方华．李约瑟与浙江大学［J］．自然辩证法通讯，2001（3）．

［229］薛攀皋．我国大学生物学系的早期发展概况［J］．中国科技史料，1990（2）．

［230］薛勇彪．遗传发育所50年回顾与展望［J］．遗传，2009（9）．

［231］薛中天，金润之，余怡怡，等．Genetic analysis of the nitrogen fixation system in Klebsiella pneumonia［J］．中国科学，1977（6）．

［232］闫长禄．中国植物多倍体遗传育种创始人——记1979年全国劳模、中国科学院院士鲍文奎［J］．工会博览，2019（33）．

［233］严育瑞，鲍文奎．禾谷类作物的多倍体育种方法的研究Ⅰ四倍体水稻［J］．农业学报，1960（1）．

［234］严育瑞，鲍文奎．禾谷类作物的多倍体育种方法的研究：Ⅱ．小麦与黑麦可杂交性的遗传［J］．作物学报，1962（4）．

［235］杨邦杰.关于广东蚕种之改良应用遗传学法则而得之二三结果［J］.中华农学会报,1930（82-83）.

［236］杨冬赓.访我国籼型杂交水稻研究开拓者——颜龙安［J］.中国农业信息,2008（5）.

［237］杨洪涛.吴绍骙与中国的绿色革命［J］.农村工作通讯,2003（5）.

［238］杨守仁,沈锡英,顾慰连,等.籼粳稻杂交育种研究［J］.作物学报,1962（2）.

［239］杨允奎.应用间接测算遗传中之交换值［J］.中华农学会报,1949.

［240］杨允奎.玉米杂种优势涉及株高与雌花期之研究（英文）［J］.美国农艺学杂志,1949.

［241］姚德昌.孟德尔以前中国对遗传现象及其本质的认识［J］.自然科学史研究,1984.

［242］叶笃庄.我国遗传学发展中坚持"双百"方针的艰难历程［J］.炎黄春秋,1997（8）.

［243］俞启葆.中棉之黄苗致死及其连锁性状之遗传研究［J］.科学,1938,22（11-12）.

［244］于光远.一九五六年在青岛遗传学会上的两次讲话［J］.中国科技史杂志,1980（1）.

［245］于光远.应该很好地纪念"双百方针"提出三十周年［J］.新观察,1986（9）.

［246］于光远,李佩珊,黄青禾,等.陆定一与百家争鸣方针在遗传学中的运用［J］.炎黄春秋,1996（1）.

［247］于光远,李佩珊.半个世纪前的一场争论［J］.科技文萃,2002（8）.

［248］于光远.百家争鸣是发展科学的必由之路［J］.科学新闻,2006（17）.

［249］于有彬.鲍文奎——绿色的目标［J］.自然辩证法通讯,1979（3）.

［250］袁隆平.水稻的雄性不孕性［J］.科学通报,1966（4）.

［251］曾溢滔.异常血红蛋白生化遗传的研究［J］.中国科学A辑,1975（4）.

［252］曾溢滔.血红蛋白的种间杂交和人类血红蛋白异常肽链的鉴定［J］.科学通报,1974（5）.

［253］曾溢滔,刘祖洞.一种新型的不稳定血红蛋白病［J］.陕西新医药,1974（2）.

［254］张爱民,童依平,王道文.小麦遗传育种学家李振声［J］.遗传,2008

（10）.

［255］张碧家.杂交水稻技术全国协作攻关的回忆——谢承桂研究员访谈录[J].中国科技史杂志，2016（4）.

［256］张碧家，史玉明.我国水稻杂种优势利用技术的早期探索[J].中国科技史杂志，2018（2）.

［257］张孟闻.《科学》的前三十年[J].科学，1985，37（1）.

［258］张劳.事业常青藤——记我国动物数量遗传学科奠基人吴仲贤教授[J].中国家禽，2011（11）.

［259］张藜，郑丹.我们在中宣部科学处——黄青禾、黄舜娥先生访谈录[J].科学文化评论，2009（4）.

［260］张丽娟，赵保国.转化法分离枯草芽孢杆菌 8a5 α - 淀粉酶基因[J].微生物学报，1988（2）.

［261］张淑华.米丘林学说在中国的传播（1933—1964）[D].合肥：中国科学技术大学，2012.

［262］张先程.籼型"三系"杂交水稻雄性不育遗传理论的探讨[J].广西农学院学报，1982（1）.

［263］张沅，张勤，张劳.缅怀著名动物遗传学家吴仲贤教授[J].遗传，2012（10）.

［264］张子明.武汉地区几年来开展米丘林学说学习的情况及今后努力的方向[J].华中农业科学，1955（2）.

［265］张作人.基因学说是预成论的翻版[J].自然辩证法杂志，1975（3）.

［266］赵保国.细胞质遗传[J].科学通报，1957（6）.

［267］赵保国.变种 4 草履虫（*Paramecium āurelia*）每一细胞内 Kappa 颗粒数量与生活循环遗传型和匹配式的关系[J].哈尔滨师范大学（自然科学学报），1963年年刊.

［268］赵功民.谈家桢人事录[J].中国科技史料，1985（5）.

［269］赵功民.建国初期的中国遗传学（上、中、下）[J].生命世界，2009（9、10、12）.

［270］赵功民.智者魅力学界楷模——遗传学家谈家桢[J].自然辩证法通讯，1998（6）.

［271］赵经之.实验遗传学品种改良论[J].山东实验学会会志，1917（1）43-48.

［272］赵连芳.稻的连锁遗传之研究（附图）［J］.国立中央大学农学丛刊，1933（1）.

［273］赵连芳.水稻育种之理论与实施［J］.中华农学会报，1933（114）.

［274］赵连芳.介绍早稻良种［南特号］［J］.农报，1940（28-30）.

［275］赵寿元，张忠恕.弥猴辐射遗传学的研究现状［J］.科学通报，1963（3）.

［276］赵寿元，李腾铭，邓承宗，等.猕猴（*Macaca mulatta*）的核型分析［J］.科学通报，1964（9）.

［277］赵寿元.贺谈老百岁华诞［J］.遗传，2008（9）.

［278］赵晓祥，王玉文，赵保国.污水中草履虫 *P. aurelia* 和 *P. caudatum* 的有性过程［J］.遗传，1988（1）.

［279］中国科学院《科学通报》编辑部社论.贯彻百家争鸣的方针，积极开展学术上的自由讨论［J］.科学通报，1956（6）.

［280］中国科学院生物学地学部关于遗传学座谈会的报告［J］.中国科学院年报，1956年11月20日.

［281］中国科学院西北生物土壤研究所小麦远缘杂交研究小组.小麦与偃麦草杂交的研究（一）［J］.遗传学集刊，1960（1）.

［282］钟志雄.忆遗传所创建历程［J］.中国科学报，2014年6月9日第7版.

［283］周焕庚，朱定良，吕曼璃，等.人体外周血液的培养及若干病例的细胞遗传学研究［J］.复旦学报，1964（2）.

［284］周建人.曼德尔及其遗传律［J］.东方杂志，1921，18（13）.

［285］周建人.遗传说［J］.中华教育界，1914（9）.

［286］周建人.曼德尔的教训［J］.妇女杂志，1922，（9）.

［287］周开达，等.D型杂交稻的选育与利用［J］.四川农业科技，1979（2）.

［288］周开达，黎汉云，李仁端.D型杂交稻的选育与利用［J］.杂交水稻，1987（1）.

［289］周荣家.摩尔根实验室成长起来的中国遗传学家余先觉［J］.遗传，2008（9）.

［290］周绍模.评陈桢编著"复兴高级中学教科生物学"修正本［J］.生物学通报，1952（1）.

［291］周询.1952—1956"创造性达尔文主义"在中国普及的考察［J］.古今农业，2008（3）.

［292］朱唐.米丘林学说在中国的传播［J］.农业科学通讯，1955（11）.

［293］朱仁山，余金洪，丁俊平，等.红莲型杂交水稻的研究与实践［G］// 第 1 届中国杂交水稻大会论文集，2010 年 9 月.

［294］朱纪勋.国外科学消息："基因"之位置及体积［J］.科学教育（金陵大学理学院出版），1935（1）.

［295］朱英国，等.利用华南普通野生稻和栽培稻杂交选育三系的研究［J］.遗传学报，1977（3）.

［296］庄巧生.我的资产阶级业务思想如何影响了工作［J］.农业科学通讯，1952（5）.

［297］庄巧生，沈锦骅，王恒立.自花授粉作物性状遗传力的估算和应用［J］.作物学报，1962（2）.

［298］祖德明.各学派共同努力，把我国遗传学推向国际水平［N］.人民日报，1956 年 9 月 15 日.

［299］祖德明，胡含，黄佩民，等.米丘林生物学通俗讲座（15 讲）［J］.农业科学通讯，1953—1954 年连载.

［300］转载《人民日报》（1952 年 6 月 29 日）文章.为坚持生物科学的米丘林方向而斗争［J］.科学通报，1952（7）.

［301］G. Mendel. Experiments in Plant Hybridization（1865）.

［302］G.Mendel. 植物杂交实验［J］.顾复，译.学艺，1920，2（5，7，9，10）1921，3（4）.

人名索引

后记

走进学研生命科学史的行列，始于我早在 1970 年代初期便开始逐步养成并延续至今的读书习惯。在当知青、读大学的岁月里，我常常利用逢集和周末，以走进新华书店涉猎科普读物，作为充实生活不可缺少的乐趣。

大学毕业后，我走上了基础教育教学岗位。在长达 40 多年的科学教育人生中，我利用中学生物学教学之余，进入生命科学史的学习与研究中，侧重遗传学史的学研，并以 20 世纪的中国遗传学为主要研究方向，也有 30 个年头了。

学研遗传学史的最初动机，来自在高中生物学"孟德尔遗传定律"等内容的课堂教学中，常常受到查找有关教学参考资料的局限。由此，我便萌生了"结合高中生物学教学，扩大深化遗传学史的学习与研究，提高自身专业理论和教学能力"的想法，并开始付诸具体的行动。

在有限的时间和家庭经济并不宽裕的情况下，我利用教学之余的休息时间，订阅期刊，邮购科学史读物，在坚持不懈的阅读中得到启迪，由此确定了研究方向，锁定了重点研究的目标。

1995 年 3 月，我在学校图书馆翻阅学术期刊时，不经意间看到《科学月刊》上的征稿科学史文章的启事（该刊当时仅向大陆 100 所老牌中学定期赠刊，为面向高中生和大学生的高级科普读物）。我随即按投稿要求，在方格稿签纸上，用手写繁体字誊写备好的《孟德尔之遗传学》文稿，邮寄至位于台北市的《科学月刊》编辑部。

1996 年 4 月，我收到了《科学月刊》编辑部邮寄来的《孟德尔之遗传学》发表的通知与赠刊。喜出望外的我，由此大大提升了继续深入扩大学研遗传学史的热情与动力。

也就是从这时起，我便以发表的《孟德尔之遗传学》文章复印 200 份，投石问路。通过邮寄、参会等途径，冒昧求拜学术界的老师。之后，我不断收到了来自复旦大学（谈家桢、赵寿元）、北京师范大学（郭学聪、彭奕欣）、中国社会科学院（赵功民）、中国遗传学会（安锡培）、中国科学院自然科学史研究所（李佩珊、曹育）、安徽大学（张青棋）、四川大学（罗鹏）、中国科学院上海植物生理研究所（夏镇澳）、哈尔滨医科大学（李璞）、南京农业大学（潘家驹）、湖南农业大学（裴新澍）等众多先生的亲笔回信，并给予我热情鼓励与多次指导。

1998 年 8 月，应中国遗传学会来函邀请并提供经费资助，我参加了在北京召开的第 18 届国际遗传学大会。借助参会的机会，我专程拜访了谈家桢、徐道觉、李佩珊、赵寿元、李璞等遗传学大师；同时与赵功民、安锡培等先生，就《中国遗传学史》的研究和书稿撰写，做了多次的研讨与交流。我个人的学研主题《20 世纪上半叶的中国遗传学》，也被正式邀请加入中国遗传学会已经申报成功的基金课题项目研究之中。

1996—2002 年，我参与了谈家桢、赵功民等主编的《中国遗传学史》（上海科技教育出版社，2002）第一篇第一章等 4 个部分内容的编写。该书出版后，学界薛攀皋、彭奕欣、赵功民等老先生，开始对我寄予厚望，建议可继续深入细致地对中国遗传学史做一个长期的学习与研究。他们也期待在时机成熟时，我能够独立编写出版一本适合大众阅读的《中国遗传学史》简要读本。

2010 年我年届 60，从中学教学岗位退休后，有了相对自由支配的时间，也由此加大了学研中国遗传学史的进程与力度。

2011 年 6 月至 8 月，我应中国科学院科学传播研究中心主任田洺先生特别邀请，前往北京入住海淀锡华酒店，独立承担《当代中国遗传学家学术谱系研究》的课题研究报告的撰写任务。在两个月时间的连夜苦战中，通过亲临访谈北京大学的吴鹤龄、戴灼华，中国社科院的赵功民，中国遗传学会的安锡培、李绍武等先生；借助电话访谈哈尔滨医科大学的李璞、傅松滨，南京农大的潘家驹，四川大学的罗鹏等先生；以及走进国家图书馆、北京大学图书馆、中国科学院图书馆等查阅与考证史料文献，加上北京大学陈振夏、黄渡海等博士的协助，提前完成《当代中国遗传学家学术谱系研究》报告撰写，并在当年 11 月顺利结题。

2016 年 6 月，《当代中国遗传学家学术谱系》作为"当代中国科学家学术谱系丛书"之一种，由上海交通大学出版社出版。从这时起，我与学界的学术交流与研讨不仅得到了进一步的扩大和增强，也有了更多向学界薛攀皋等老先生和同仁学习请教的机会。

2018 年 8 月，在遗传学界同仁张咸宁先生的热情引荐下，我与复旦大学的庚镇城老先生建立了密切的通讯联系。借助电话和微信，我得到了庚镇城等老先生经常性的、热心具体的指导，与大力有效的支持。

与此同时，胡晓江女士（胡先骕之孙女）通过学界提供的信息，也与我建立了通讯联系。在她的热心支持与热情建议下，通过薛攀皋、胡晓江、冯永康等三人的合作，更承蒙得到学界中上百位同仁的通讯助力和史料相赠，我们花费了近三年时间，初步完成了"1956 年青岛遗传学座谈会留影识图"的工作（该照片留影者 54 人，有效辨认出 49 人）。

2019 年 8 月，应复旦大学生命科学学院之邀请，我参加了第 4 届全球华人遗传学大会暨纪念谈家桢先生诞辰 110 周年座谈会。在这次学术活动中，我又拜识了杨焕明、管敏鑫、卢大儒等遗传学界的专家，并建立了学术交流与研讨的友谊。

从 2020 年 1 月至 2021 年 4 月，通过全国"遗传学教师群"的渠道，借助中山大学贺竹梅先生主办的"现代遗传学教程"公众号，我应邀撰稿，连续发布了"中国遗传学百年沧桑"系列文章（1—16），为中国遗传学人留下了一段不能忘记的历史记录。"中国遗传学百年沧桑"系列文章发布后，学界不少老先生和年轻同仁，多次给我提出建议，希望将这个系列文章再进行修订，以争取尽快以纸质版图书形式问世，使这份具有抢救科学遗产意义的历史资料，扩大与学人的分享并可长期有效地保存。

由此，我确定了《遗传学在中国的初创与曲折变迁——1978 年之前的中国遗传学》书名，紧锣密鼓地开始了书稿文字的修订，书稿插图的处理，书稿注释的落位等具体工作。

《遗传学在中国的初创与曲折变迁——1978 年之前的中国遗传学》一书，略述了中国古代的遗传观；略述了 20 世纪上半叶中国遗传学的孕育与初创；概述了 1950 年代初到 1970 年代末，中国遗传学所走过的曲折与坎坷的艰难历程。

在这一历史时段所涉及的大量文献与科学史料的获取、梳理、查证，以及文稿的撰写过程中，我曾通过多年的亲临拜访，以及书信、电话、电邮、QQ 和微信等通讯方式，得到中国遗传学界和科学史学界众多先生的热心指导与史料相助。他们是：谈家桢、薛攀皋、夏镇澳、李佩珊、潘家驹、裴新澍、李璞、钱惠田、吴鹤龄、庚镇城、赵功民、安锡培、李绍武、彭奕欣、赵寿元、罗鹏、蔡祖南、胡乃壁、张之杰、杨焕明、卢大儒、傅松滨、张咸宁、曹阳、胡晓江、禹宽平、管敏鑫、张澔、熊卫民、徐丁丁等。在这里，借此机会，向学界的各位前辈和众多同仁，表达发自内心的最诚挚的谢意！

我还要特别感谢杨焕明院士，是他在繁忙的科研工作之余，欣然接受了我的恳请，十分乐意地为本书赐序。

我更要感谢上海教育出版社的各位领导和责任编辑隋淑光先生。他们以出版人的宽阔胸怀和高度的责任感，鼎力相助，为本书能顺利纳入上海市 2022 年重点图书出版品种之列付出了辛劳。

最后，我要真诚地感谢我的家人（妻子苏英兰女士和儿子冯蜀杰）。他们给我营造了和谐的家庭氛围，提供了一些技术上的帮助，创设了静心学研的工作环境。

冯永康

2022 年 8 月

图书在版编目（CIP）数据

遗传学在中国的初创与曲折变迁 / 冯永康著. — 上海：上海教育出版社，2022.11
ISBN 978-7-5720-1729-2

Ⅰ.①遗… Ⅱ.①冯… Ⅲ.①遗传学－研究－中国
Ⅳ.①Q3

中国版本图书馆CIP数据核字(2022)第212273号

责任编辑　隋淑光　严　岷
封面设计　王　捷

遗传学在中国的初创与曲折变迁——1978年之前的中国遗传学
冯永康　著

出版发行　上海教育出版社有限公司
官　　网　www.seph.com.cn
地　　址　上海市闵行区号景路159弄C座
邮　　编　201101
印　　刷　上海盛通时代印刷有限公司
开　　本　700×1000　1/16　印张 14.25　插页 1
字　　数　226 千字
版　　次　2022年11月第1版
印　　次　2022年11月第1次印刷
书　　号　ISBN 978-7-5720-1729-2/Q·0004
定　　价　56.00 元

如发现质量问题，读者可向本社调换　电话：021-64373213